U0386246

21世纪职业教育规划教材

美发指导教程

主编 刘 华

中国人民大学出版社
·北京·

图书在版编目（CIP）数据

美发指导教程 / 刘华主编. -- 北京：中国人民大学出版社，2024.5

21 世纪职业教育规划教材

ISBN 978-7-300-32778-5

Ⅰ. ①美… Ⅱ. ①刘… Ⅲ. ①理发－职业教育－教材 Ⅳ. ① TS974.2

中国国家版本馆 CIP 数据核字（2024）第 084200 号

21 世纪职业教育规划教材

美发指导教程

主　编　刘　华

副主编　陈启红

Meifa Zhidao Jiaocheng

出版发行	中国人民大学出版社	
社　　址	北京中关村大街 31 号	**邮政编码**　100080
电　　话	010 - 62511242（总编室）	010 - 62511770（质管部）
	010 - 82501766（邮购部）	010 - 62514148（门市部）
	010 - 62515195（发行公司）	010 - 62515275（盗版举报）
网　　址	http://www.crup.com.cn	
经　　销	新华书店	
印　　刷	中煤（北京）印务有限公司	
开　　本	787 mm × 1092 mm　1/16	**版　　次**　2024 年 5 月第 1 版
印　　张	13.25	**印　　次**　2024 年 5 月第 1 次印刷
字　　数	285 000	**定　　价**　68.00 元

随着职业教育的迅速发展，项目导向、任务驱动、基于工作过程系统化课程开发等理念普遍得到职业教育界人士的认同。为全面贯彻党的教育方针，落实立德树人根本任务，及时反映新时代教育教学改革的成果，满足美发与形象设计类专业的教学需要及相关人员在岗培训的需求，有必要从培养专业能力、方法能力、社会能力、学习能力出发，以服务专业、服务后续课程、服务应用、服务市场为宗旨，按照理实一体化的教学模式，编写一本适合美发专业课程的教材。

本教材是编者总结多年的工作经验和教学经验编写而成，具有以下特点。

1. 全面反映新时代教育教学改革成果

本教材以习近平新时代中国特色社会主义思想为指导，贯彻落实党的二十大精神，以《教育部关于职业院校专业人才培养方案制订与实施工作的指导意见》《职业院校教材管理办法》和最新美发行业规范为依据，以课程建设为依托，展现新时代教育教学改革的成果，包括产教融合、校企合作、科技创新创业教育、现代学徒制、教育信息化等，以职业能力培养为核心，通过探究、交流、合作、问题解决、技术创新、课件等多种方式开发教材，以适应工作与学习、教与学结合、项目式、任务驱动、案例式、现场教学、顶岗实习等多种形式组织实施"理实一体化"教育的创新和发展。

2. 以"做"为核心，实现教学与实践的完美结合

设计和编写教材时，以学生为中心，以学习效果为导向，致力于激发学生的自主学习能力。本教材以美发行业的岗位要求、职业标准和工作流程为主要内容，将相关理论知识分解为具体的工作任务，倡导做中学、学中做。

3. 适宜于职业教育的特质，包括但不限于形式、体例和内容的创新

根据学生的认知规律，构建教材结构，采用项目化设计，以"任务"为核心。在编写过程中注重对教学内容、教学方法、教学手段及评价方法等方面进行改革。教材共有七个项目，旨在实现理论与实践的结合，以及学习与实践的无缝衔接，强调实用性和情景性。为了激发学生的求知欲望，每个项目都设置了明确的学习目标，每个任务都提供了实训项目验收单，便于学生进行自我检测，教师也可根据实际情况适时指导，帮助学生掌握相关内容。学生在完成任务的过程中，通过不断总结，逐步积累必要的知识，锻炼实践操作和分析问题的能力，逐渐形成符合自身认知规律和接受能力的学习模式。

4. 充分运用信息技术，实现数字资源的共建和共享

利用"互联网＋教材"的优势，在教材中嵌入二维码学习资源，学生扫描二维码即可轻松获取数字化的在线学习资源。同时，为教师提供全面支持，包括但不限于相关配套资料、课程标准、技能训练方案以及详尽的分析报告等，以满足教学需求。通过采用全新的综合教材形式，学生能够获得更加实时和个性化的学习体验，同时，教师也将受益于这种富有创新性的教学模式。

5. 校企"双元"合作，实现校企协同育人

教材紧跟产业发展趋势和行业人才需求，及时将产业发展的新技术、新工艺、新规范纳入其中，反映典型岗位群职业能力要求，并吸收行业企业技术人员深度参与教材编写。编写团队在深入企业调研的基础上完成教材开发，许多案例都源于企业真实业务。

目 录
CONTENTS

美发指导教程

项目一
美发职业概论

✂ 学习情景描述

按照美发助理岗位要求，熟记美发师的形象要求、职业素养、岗位职责等有关知识。

✂ 知识目标

1. 了解美发师仪容仪表的具体要求。
2. 掌握美发师岗位职责、服务规范及接待标准。

✂ 技能目标

1. 能够根据美发师仪容仪表的具体要求打造自己的职业形象。
2. 能够明确各岗位职责。
3. 能够按岗位服务规范及接待标准进行服务。

✂ 素质目标

1. 培养学生依据岗位职责开展美发接待业务的素质。
2. 培养学生根据美发各岗位职责，按服务规范及标准进行工作的能力。

任务：服务接待

一、服务接待概述

美发师职业形象是美发服务接待工作的一个重要方面，美发师只有在仪容仪表仪态和语言方面讲究职业礼仪，才能为顾客提供高水平的服务。美发服务流程是体现美发企业服务质量的窗口，每一位美发师都需要全面掌握从迎顾客进门到送顾客出门的综合性服务流程，这是为顾客提供优质服务的保障。美发师在服务接待中要时刻践行职业道德，充分体现全心全意为顾客服务的核心。

二、实训条件

操作前的准备：做好本人仪容仪表的检查，穿好工作服，梳理好头发。

三、技能标准

（一）美发师的仪容仪表

仪容是指人的容貌外观，仪表是指人的综合外表，包括形体、服饰、风度等。仪容仪表是人的精神面貌的外在表现。良好的仪容仪表可体现企业的氛围、档次和规格。美发师的仪容仪表要做到自然美、修饰美和内在美的统一。美发师的仪容仪表不仅是美发师职业形象的重要体现，还是美发接待服务工作中的一个重要方面。美发师的外表形象、衣着打扮，不仅反映其专业态度、气质修养、接待服务的水准，还反映了美发厅的服务质量和水平。

（二）美发师仪容仪表的具体要求

1. 服装

美发师上班要穿工作服。工作服应整齐干净，不得有异味、污垢。上班时间应佩戴好工号标牌。皮鞋要保持光亮，鞋子的颜色要与工作服的颜色搭配。

2. 头发和首饰

头发应干净、整齐、不散乱。男员工发型要时尚，女员工发型要靓丽。上班时间员工不得佩戴夸张、怪异的饰物。

3. 面容

面部要保持干净，女员工需化淡妆。

4 漱口

员工要做到口腔无异味。上班前不吃有异味的食物，不喝酒，并应刷牙漱口，保持口气清新。无异味方能服务客人。

5. 洗澡

美发师应每天洗澡，手、脚、腋下等较容易出汗的部位应勤洗。及时更换衣服，可适当擦些香水。

6. 手部

双手应洁净，不留长指甲，不涂指甲油。女员工不得装假指甲。

美发师保持整洁、得体、美观、高雅的仪容仪表，不但是对客人的尊重，而且可以大大提高客人对美发师的认可度和信赖感。美发师在讲究仪容仪表的同时，也要加强内在品德修养。

（三）美发师仪态的具体要求

1. 站姿

站立要端正，应挺胸收腹、双眼平视，嘴微闭，颈部伸直，微收下颌，双臂自然下垂，双肩稍向后并放松，双手不叉腰、不插袋、不抱胸。男士应双脚平行分开，与肩同宽站立，双手可以下垂放于裤缝处，也可以背于身后，但与客人说话时不可反背双手。女士应双脚并拢，成"V"字形或"丁"字形站立，双手相握下垂放于身前。站立时禁止倚靠墙面、台面或柱子上，禁止掏耳朵、挖鼻孔、揉眼睛、打哈欠、交头接耳、照镜子化妆、整理发型、嚼口香糖等行为。

2. 坐姿

上体自然挺直，双肩平正放松，两臂自然弯曲放在腿上。女员工应双膝自然并拢，双腿正放或侧放。男员工双膝可略分开，双脚正放。不可以两腿上下交叉，也不可以抖动腿部。员工上班时禁止坐在客人的休息区内，也禁止随意坐在客人的修剪椅上。

3. 走姿

在店内行走时应身体挺直，双臂前后自然摆动，幅度不可太大，不左右摆动双臂、摇头晃肩、斜颈、斜肩。美发师工作时的步伐要轻、稳、快、雅。男员工步伐要有力，女员工步态要优美、轻盈。员工禁止在店内边走边东张西望、左顾右盼或回头聊天。

4. 表情与手势

美发师接待客人时要用温和、坦诚、友善、热情的目光注视客人，要面带微笑。微笑是世界通用的交际语言，能带给客人宾至如归的亲切感和安全感。与客人说话时，可伴以适当的手势，但切勿幅度过大。在为客人引路做手势时，要五指并拢、掌心向上、以肘关节为轴指向目标，上身可略向前倾，切不可用手指或指尖指引。递东西给客人时一定要用双手。"行为心表"，仪态美是从内心散发出来的。合乎礼仪的仪态美展示的是美发师内在的尊严、美德和魅力。

四、情感要求

情感要求	优	良	差
尊敬师长			
爱岗敬业			
动作到位			
表情仪态			
协作精神			
工作效益			

五、知识标准

（1）了解美发师职业形象要求。
（2）理解美发师职业道德内容。
（3）树立职业礼仪观念。
（4）养成遵守职业礼仪的习惯。

六、评价标准

评价标准	分值	扣分	实得分
仪容仪表得体	30		
接待动作自然大方	25		
接待程序连贯自然	25		
语言清晰、音量适中	10		
微笑服务	10		

七、实训项目验收单

项目名称：服务接待	起讫时间：	班级：	姓名：
项目标准： 1. 仪容仪表。 2. 美发师的语言。 3. 接待动作自然大方。 4. 接待中使用礼貌用语。		学生项目自评：	
		小组评价：	指导教师验收： 签名
使用工具：			

注：1. 项目标准要求按行业要求进行。

2. 指导教师验收应有评语，等级为优秀、良好、合格、不合格。

✂ 实施说明

1. 实训项目任务书旨在建立一个以能力为核心、以职业实践为主体、以模块化专业教育为主线的项目课程开发体系。在本任务书中，围绕"如何行动"展开，简明易懂，方便操作。

2. 学校致力于打造一支高素质的美发专业师资队伍，并配备先进的设备和管理体系，以确保任务书的顺利实施。

3. 在实施本任务书的过程中，教师应当运用产教融合的模式，营造具有工作氛围的学习环境，致力于提升学生的实际就业技能，为他们未来的职业发展打下坚实的基础。

针对项目课程的独特特点，笔者提出以下几个方面的建议，以确保任务书的有效实施：

1. 在教育理念方面，建议教师树立以学生为中心、以能力为核心、以专业实践为主线的教育观念。

2. 在教学方法方面，建议教师摒弃学科体系下的线性教学方式，通过工作任务和项目活动，实现理论与实践的有机融合。

3. 在教学行为方面，建议教师善于构思问题，创造具有挑战性的工作场景，营造积极向上的氛围，以激发学生的积极性和参与热情。

4. 建议对评估方法进行改革，包括但不限于强调过程评估和多元化评估等方面。

拓展思考

1. 美发经历了哪几个发展阶段？
2. 美发行业新增的岗位有哪些？
3. 依照行业标准，服务接待的要求是什么？

学习情景的相关知识点

💡 知识点1　　美发师的形象

作为美的传递者，美发师自身的形象尤为重要。美发师的形象是说服顾客的第一步，会给顾客留下深刻的印象。

形象是指某个人的外表和内在精神的统一，体现个人在社会中扮演的角色、地位和影响力。

一、良好的外表与成熟的心理

外表体现一个人的审美，一个优秀的美发师把自己打扮得具有潮流感，说明他有一定的专业水平，是说服顾客的重要依据之一。

（一）良好的清洁习惯

高标准的个人卫生要求，不仅能够增加美发师的自尊、自信，也是工作的需要。美发师应注重自身的头发、身体的清洁。

（二）口腔卫生

工作中，美发师不仅要给顾客做发型设计，最重要的是与顾客之间交流和沟通，与顾客成为朋友，教给他们打理和保养头发的正确方法。因此，要特别注意口腔卫生，不要吃带有异味的食品。

（三）淡妆上岗

自然得体的妆容是美发师的工作要求，这既是对顾客的一种尊重，也会给美发师带来好心情。工作妆应自然、轻淡，不可过于夸张、艳丽。

（四）大方得体的着装

工作时必须穿公司统一的服装，佩戴胸牌。工作服应整洁、得体，夏季不允许穿凉拖鞋进入美发厅工作。

（五）良好的姿势

姿势是衡量一个人道德修养、素质的标准，常言"站如松、坐如钟"，美发师也要求做到这一点。美发师工作时的精神面貌代表公司的形象。

（1）站姿。以脚掌承受体重，不要用脚跟承重站立，脚跟并拢，脚尖分开45度，腿直立，挺胸、抬头、吸小腹，面部表情自然、目光平视、面带微笑。

（2）坐姿。入座要稳，不可坐满整个凳子，双腿并拢，大腿和小腿应为90度，椅面与膝面平行，不可垂头、弯腰。

（3）弯腰取物的姿势。两腿并拢，背挺直，下蹲45度即可。

（六）保持手部和指甲的整洁

作为专业的美发师，手部的皮肤同脸上皮肤一样重要。美发师靠双手为顾客服务，如果拥有一双皮肤细嫩、灵巧的双手，会给顾客一种美的享受。所以美发师应经常使用护手霜，做手部护理，坚持做手操，增强手部的灵活度，不宜留太长、太尖的指甲；工作时不允许戴戒指、手环等有碍于工作的饰物，以免划伤顾客的皮肤；在接触刺激、腐蚀性物品时应戴上橡胶手套；工作时应先消毒双手，再为顾客做护理。

（七）健全的心智和健康的生活

健全的心智是一个人学习、生活和工作的基本保证。美发师要有健康的思想及灵敏的反应能力、观察能力和判断能力，可通过与顾客的交谈，了解顾客的经济能力与消费层次，向顾客推荐合适的产品。

除了具有健全的心智，还应有健康的生活，美发师应做到以下几点：

（1）适度运动。

（2）充足睡眠。

（3）均衡的营养。

（4）做定期体检。

（八）成熟的心理

（1）有包容顾客的心理。美发师对待工作要有宽广的胸怀，不可斤斤计较。

（2）有较好的心理承受力，能够承受一定的工作压力。

（3）稳定的情绪。工作时全身心地投入，不可将个人情绪带入工作中。

二、美发师的语言规范

（一）声音

声音清晰、音量适中，富有感情色彩。美发师讲话时应真挚、友善、有活力，应表现出专业性、权威性及指导性。

（二）技巧性谈话

注重谈话的主题，了解顾客的心理，适度迎合顾客。掌握谈话技巧是美发师销售成功的关键所在。

（1）选择合适的谈话主题。

应尽量了解顾客的心理，选择较佳的谈话主题。如顾客兴趣爱好、流行服饰、化妆品、发型、顾客头发问题、新闻等。

（2）不可涉及的谈话主题。

如自己的经济状况、私人感情、宗教信仰、同事的手艺、别人的隐私等。

（3）谈话原则。

主动打开话题，少说多听，不争论；谈话内容不单调；谈论美发专业问题时，使用简单、易懂的言辞。

三、美发师的职业道德

美发师要忠于职守，钻研业务，尽心尽力完成工作任务，这是热爱本职工作、有事业心和责任感的具体表现。为达到这些要求，必须做到：

（1）了解美发的任务。

（2）明确岗位职责，了解岗位职责的基本要求。

（3）增强责任感，自觉地、高质量地完成工作任务，不应付，不马虎，不玩忽职守。

（4）努力学习新技术，钻研业务，熟练掌握专业技能，提高履行职责的业务水平。

（5）处理好局部和全局的关系，明确任何岗位都是整体工作中的一个环节，主动协调与其他岗位的关系。

（6）坚持原则，秉公办事，不滥用职权，不以权谋私。

💡 知识点二　　美发厅的经营范围与岗位职责

一、美发厅的经营范围

美发厅的服务项目包括洗发、头部按摩、修剪、烫发、染发、吹风造型、头发护理等。

二、美发厅的岗位职责

（一）美发厅的岗位设置

美发工作有明确的分工，只有各负其责、通力合作，才能做好美发厅的服务工作。管理比较规范的美发厅一般设有美发助理、烫染技师、美发师、技术总监、主管、店长、收银员、接待人员、后勤人员等。美发厅应根据经营项目和发展情况来配备工作人员，设置岗位。在保证美发厅营业正常进行的情况下，尽量精简人员，有效控制人力成本。

（二）美发厅各岗位职责

以下为美发厅的大致岗位设置与职责分工，各岗位人员之间有些工作内容是交叉或共性的，在一些规模较小的美发厅，有些岗位职责是由一人承担的，仅供参考，不可一概而论。

1.美发助理

（1）能够做好接待服务工作。

（2）能够介绍美发服务项目和收费标准，提供一般美发咨询服务。

（3）能够做好清洁工作和用具消毒工作。

（4）能够做好物品摆放工作。

（5）能够做好洗发按摩工作。

2. 烫染技师

（1）能够做好接待服务工作。

（2）能够介绍美发服务项目和收费标准，提供一般美发咨询服务。

（3）能够做好清洁工作和用具消毒工作。

（4）能够做好物品摆放工作。

（5）能够做好洗发按摩工作。

（6）能独立完成冷烫和热能烫的操作。

（7）能够独立完成染色的任务。

3. 美发师

（1）热爱本职业，具有学习精神、创新精神。

（2）能够做好接待服务工作。

（3）能够介绍美发服务项目和收费标准，提供美发咨询服务。

（4）能独立完成冷烫和热能烫的操作。

（5）能够独立完成染色创作。

（6）根据顾客要求，严格按照操作规范进行美发技术操作。

（7）建立顾客的个人档案，维护好顾客关系。

4. 主管

（1）负责落实店长布置的工作，协助店长实现工作目标。

（2）能够对顾客发型设计给予帮助和建议。

（3）督促检查员工工作情况，对员工任务完成情况进行考核。

（4）负责店面日常管理，保证各项经营业务正常开展。

（5）组织开展业务培训，提高服务质量。

（6）负责清洁卫生、水电安全管理，负责材料、物品的申报、领用和补充。

5. 店长

（1）主持美发厅的全面管理工作，落实美发厅的经营决策。

（2）制定美发厅发展规划以及各项管理规章制度。

（3）确定美发厅经营范围，制定工作目标，布置工作任务。

（4）督促检查各项工作，激励全体员工共同实现目标。

（5）负责对外联系，根据市场需要制订宣传计划，调整销售策略。

（6）负责美发厅人事管理，负责员工的招聘和辞退。

6. 技术总监

（1）协助店长和主管做好美发厅的技术和服务工作。

（2）及时了解美发服务中存在的技术问题，并提出解决办法。

（3）负责美发师、美发助理工作流程的规范化和检查。

（4）负责制定美发厅业务培训方案，保证本店美发师业务能力逐步提高。

7. 收银员

（1）负责向顾客介绍服务项目、收费标准。

（2）根据美发师填写的经顾客确认的账单收款。

（3）协助管理好顾客的衣服、物品。

（4）填写当日营业报表。

（5）按财务管理要求上缴营业收入。

办理美发包月服务卡的工作人员也可由美发厅接待人、主管兼职。

8. 接待人员

（1）负责在美发厅门口引领顾客进店。

（2）带位。将客人引进美发厅，安排入座，与顾客沟通需求情况。

（3）为顾客呈送茶水、报纸、杂志等，并保管好顾客衣物。

（4）根据顾客服务需要，按当日排班顺序介绍美发师。

有的美发厅由美发助理兼任接待人员。

9. 后勤人员

美发厅内负责卫生消毒工作的清洁员，以及负责仪器、水电检修的工作人员等。

（三）美发厅的服务流程

美发厅不同岗位人员对于顾客的服务项目与流程如下图所示。

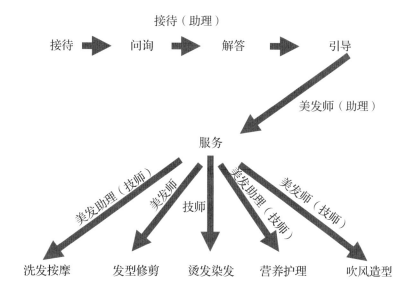

具备以下条件之一者，可申报四级 / 中级工：

（1）取得本职业五级 / 初级工职业资格证书（技能等级证书）后，累计从事本职业工作 4 年 (含) 以上。

（2）累计从事本职业工作 6 年（含）以上。

（3）取得技工学校本专业毕业证书（含尚未取得毕业证书的在校应届毕业生）；或取得经评估论证、以中级技能为培养目标的中等及以上职业学校本专业毕业证书（含尚未取得毕业证书的在校应届毕业生）。

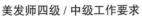

美发指导教程

职业功能	工作内容	技能要求	相关知识要求
1. 接待服务	1.1　心理服务	1.1.1　能与顾客沟通 1.1.2　能了解顾客的心理需求	1.1.1　顾客沟通技巧 1.1.2　服务心理学常识
	1.2　咨询服务	1.2.1　能了解顾客发质状况 1.2.2　能介绍美发、护发、造型用品的功能及特点 1.2.3　能根据发质条件推荐适合的发型	1.2.1　常用美发、护发、造型用品质量鉴别知识 1.2.2　护发知识 1.2.3　发型与脸型配合知识
2. 发型制作	2.1　修剪	2.1.1　能用削刀进行削发操作 2.1.2　能推剪男士有缝、无缝色调发式、毛寸发式 2.1.3　能修剪女士多种层次发式 2.1.4　能对修剪工具进行维护保养	2.1.1　发型的动态、静态层次知识 2.1.2　不同发式修剪的程序及技巧知识 2.1.3　发型设计的基本常识
	2.2　烫发	2.2.1　能根据发质特性、发型特征，选择烫发剂、中和剂和卷杠排列方法 2.2.2　能根据头发卷曲程度判断烫发效果，并对未达标的采取补救措施 2.2.3　能进行烫前、烫后护理操作 2.2.4　能操作热能烫等烫发设备	2.2.1　发质与烫发剂的关系 2.2.2　烫发中常见问题的解决办法 2.2.3　烫前、烫后护理知识 2.2.4　热能烫等烫发设备使用知识
	2.3　吹风造型	2.3.1　能使用造型用品和发饰造型 2.3.2　能通过梳刷等造型工具与吹风机的配合制作发型 2.3.3　能进行男式有缝、无缝色调发式的吹风造型 2.3.4　能进行女式多种层次发式的吹风造型	2.3.1　吹风工具的性能和使用方法 2.3.2　造型用品性质和使用特点 2.3.3　梳理造型工具使用技巧知识 2.3.4　发式造型原理
3. 剃须与修面	3.1　消毒、清洁	3.1.1　能对剃须与修面工具和用具进行消毒 3.1.2　能对面部皮肤进行清洁	3.1.1　剃须与修面消毒用品知识 3.1.2　剃须与修面工具和用具的消毒方法
	3.2　剃须	3.2.1　能磨剃刀 3.2.2　能采用张、拉、捏等方法绷紧皮肤 3.2.3　能运用正手刀、反手刀、推刀进行剃须与修面	3.2.1　剃须与修面用品常识 3.2.2　剃刀的基本使用方法 3.2.3　剃须与修面程序 3.2.4　绷紧皮肤的方法

职业功能	工作内容	技能要求	相关知识要求
4. 染发	4.1 材料选择	4.1.1 能根据发质和染发效果要求辨别、选择染发剂 4.1.2 能选用不同型号的染膏与双氧乳	4.1.1 自然色系染发的识别知识 4.1.2 染膏基本化学知识及物理知识 4.1.3 染发剂的种类
	4.2 染发操作	4.2.1 能根据染发色彩要求选择颜色、确定用量、调配染发剂 4.2.2 能进行色彩染发剂涂放 4.2.3 能进行染后护理操作	4.2.1 染发剂调配知识 4.2.2 色彩染发基本流程 4.2.3 染后护理知识
5 接发与假发操作	5.1 接发操作与调整	5.1.1 能根据发质和发型要求辨别、选择接发材料 5.1.2 能进行接发操作 5.1.3 能进行接发调整	5.1.1 接发材料知识 5.1.2 接发种类知识 5.1.3 接发工具知识 5.1.4 接发操作方法 5.1.5 接发质量标准
	5.2 假发操作与调整	5.2.1 能进行假发洗护 5.2.2 能进行假发修剪 5.2.3 能进行假发吹风造型 5.2.4 能进行假发混合造型	5.2.1 假发材料知识 5.2.2 假发种类知识 5.2.3 假发吹风造型知识 5.2.4 假发混合造型知识 5.2.5 假发护理知识

💡 知识点三　美发师职业等级

根据《中华人民共和国职业分类大典》，美发行业认定的职业名称为美发师，并制定有明确的美发师职业资格标准。美发师是根据顾客的头型、脸型、发质和要求，为其设计、修剪、制作发型的人员。

美发师职业共设五个等级，分别为：初级（国家职业资格五级）、中级（国家职业资格四级）、高级（国家职业资格三级）、技师（国家职业资格二级）、高级技师（国家职业资格一级）。

项目二
毛发的生理知识

✂ 学习情景描述

按照美发助理岗位要求，熟记头发的基本构造、生长周期、作用等有关知识。

✂ 知识目标

1. 了解头发的生长规律、生长方向和生长周期。
2. 正确分辨干、中、油性及受损发质的基本特点。
3. 了解头发与头皮的常见病及治疗方法。

✂ 技能目标

能够依据头发特点，结合服务项目进行头皮检测服务。

✂ 素质目标

培养学生依据头发特点开展业务的素质。

任务：头皮检测

一、头皮检测概述

头皮检测是指运用头皮检测设备，将放大后的头皮拍成片，根据电脑获得的显微成像，进行头发各种参数的计算，通过专用的毛囊检测分析软件最后生成检测报告，为发型师提供参考。

二、实训条件

操作前应准备的材料、设备、工具：毛巾、围布、头皮检测仪等。

三、技能标准

（一）头皮检测流程

（1）接待服务。

（2）顾客服务：为顾客围好毛巾，穿好客袍。

（3）检测仪器：检测仪器是否可以正常使用。

（4）头皮检测：用检测仪器在顾客头顶、后脑、头部左侧、头部右侧各取点进行头皮检测，并观察特点。

（二）检测内容

（1）脱发程度分级鉴定检测。

（2）毛囊是否健康正常，或者已经干瘪、萎缩、坏死。

（3）皮脂腺生理代谢测定。

（4）头皮毒素分析。

（5）发质受损状况分析。

四、情感要求

情感要求	优	良	差
尊敬师长			
爱岗敬业			

情感要求	优	良	差
安全操作			
协作精神			
工作效益			

五、知识标准

（1）做好顾客关系维护。

（2）头皮检测仪的使用。

（3）分析检测结果

（4）制定头发护理方案。

六、评价标准

评价标准	分值	扣分	实得分
微笑服务	10		
接待动作自然大方	10		
语言清晰、音量适中	20		
顾客维护	10		
检测程序正确	25		
检测结果分析正确	25		

七、实训项目验收单

项目名称：头皮检测程序	起讫时间：	班级：	姓名：
项目标准： 1.接待服务。 2.发质鉴别。 3.头皮检测。 4.分析结果。 5.制定方案。 使用工具：		学生项目自评： 小组评价：	指导教师验收： 签名

注：指导教师验收应有评语，等级为优秀、良好、合格、不合格。

✂ 实施说明

1. 实训项目任务书旨在建立一个以能力为核心、以职业实践为主体、以模块化专业教育为主线的项目课程开发体系。在本任务书中，围绕"如何行动"展开，简明易懂，方便操作。

2. 学校致力于打造一支高素质的美发专业师资队伍，并配备先进的设备和管理体系，以确保任务书的顺利实施。

3. 在实施本任务书的过程中，教师应当运用产教融合的模式，营造具有工作氛围的学习环境，致力于提升学生的实际就业技能，为他们未来的职业发展打下坚实的基础。

针对项目课程的独特特点，笔者提出以下多个方面的建议，以确保任务书的有效实施：

1. 在教育理念方面，建议教师树立以学生为中心、以能力为核心、以专业实践为主线的教育观念。

2. 在教学方法方面，建议教师摒弃学科体系下的线性教学方式，通过工作任务和项目活动，实现理论与实践的有机融合。

3. 在教学行为方面，建议教师善于构思问题，创造具有挑战性的工作场景，营造积极向上的氛围，以激发学生的积极性和参与热情。

4. 建议对评估方法进行改革，包括但不限于强调过程评估和多元化评估等方面。

拓展思考

1. 针对不同发质，如何结合岗位话术与客人沟通？
2. 美发工作中，与头皮健康相关的项目有哪些？

学习情景的相关知识点

知识点一　头发的结构

头发的角蛋白具有保护头皮、防止水分蒸发及阻止外界物质侵入等作用。角蛋白是构成头发的主要元素。头发分发根与发轴两个部分。毛发的根部位于皮肤的内部，发轴暴露在皮肤的外部。

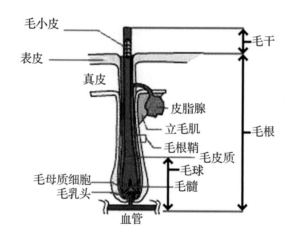

一、毛根

头发的毛囊内包裹着毛根，毛囊下端呈膨胀成球状的形态便是毛球。毛球表面有一层角质膜覆盖于其上。毛球的底部呈现凹陷的形态，真皮组织向内延伸，形成毛乳头。毛乳头内含有丰富的血管和淋巴管等结缔组织。毛基质位于毛乳头和毛球下层的交界处。

（1）毛球：毛球是一类具有高度增殖和分化能力的细胞，其细胞形态和数量均表现出极高的多样性。

（2）毛乳头是一处富含血管和神经末梢的区域，其功能在于为毛球提供必要的营养。当毛乳头遭受破坏或退化时，毛发便会停止生长并逐渐脱落，此时毛球细胞的增殖和分化将取决于毛乳头的存在。

（3）毛发的生长区域被称为毛基质，其中包含黑色素细胞，这些细胞通过分泌黑色素颗粒并将其输送到毛发细胞中，形成毛基质。头发的色彩受黑色素颗粒的数量和种类的影响。

（4）毛囊是一种管状的鞘囊，由内向外分为内根鞘和外根鞘两层，其中内根鞘位于皮脂腺开口处，通过皮脂腺分泌的油脂来滋润头发；外根鞘与表皮的基底层和棘细胞紧密相连，向下延伸并与毛球紧密相连。

二、毛干

毛干的横截面呈现三个层次，分别为表皮层、皮质层和髓质层。

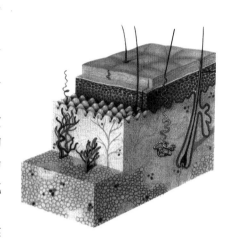

（1）表皮层：头发的外层被一层透明的鱼鳞状薄膜所覆盖，这个薄膜层层叠叠，由6～12层鳞片状角质化细胞组成，它们的作用是保护头发的完整性。头发在健康的表皮下呈现自然的光泽。

（2）皮质层：由柔软的蛋白质和经过角质化处理的斜方形细胞所构成。头发的水分、韧性、弹性、柔软度、厚度和形状都受皮层的支配，因此皮质层是头发中最为重要的组成部分。

（3）髓质层。位于头发的中心，由非常柔软的蛋白质及含有色素的多角形细胞构成。

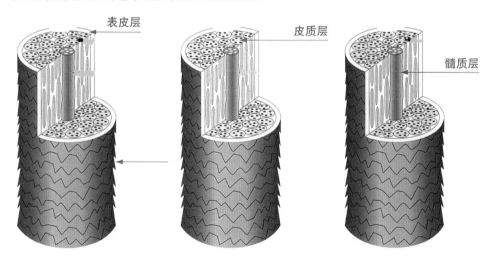

💡 **知识点二**　头发的基础知识

一、头发的生长

（一）头发的生长方向（伞状生长）

（1）每个人的头顶上或头顶与枕骨接近的部位都有一个或几个螺形发涡，头发随着发涡向上生长。

（2）后发际的头发由下向上生长。

（3）两侧、枕骨下，头发由下向上生长。

（二）头发的生长周期

（1）生长期：头发的生长期为 2～6 年，最长可延续 25 年。

（2）静止期：头发进入静止期后，停止生长，这时的头发易脱落。头发静止期为 4～5 个月。

（3）脱落期：进入静止期的头发就要脱落，正常情况下，每天脱发 50～100 根。

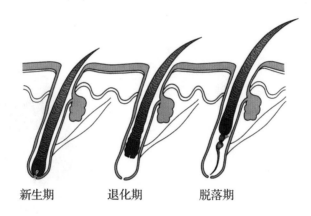

新生期　　　　　退化期　　　　　脱落期

（三）头发的生长速度

头发在生长初期速度最快，然后逐渐减慢。

（1）初期每天生长 0.3～0.4 毫米，长到 3 厘米左右减为每天 0.2～0.3 毫米。

（2）生长速度受人体健康状况及食物和其他方面的影响。一般来说，夜间快于白天，春天快于冬天，青年快于老人，女性快于男性。

（四）头发的寿命

头发的寿命一般为 2～7 年。其中，男性：2～4 年；女性：3～6 年或 5～7 年。

二、头发的形状

（1）垂直型（直发）。特点：直硬，亚洲黄色人种中较为常见。

垂直型

（2）波浪型（波浪发）。特点：软滑，欧洲白色人种中较为常见。

波浪型

（3）卷曲型（卷毛型）。特点：粗硬，非洲、拉美地区黑色人种中较为常见。

卷曲型

三、世界不同人种的发量

成年人的发量：10万～15万根。

（1）黄种人：11万根左右（黑色）。

（2）白种人：14万根左右（金黄色）。

（3）黑种人：10万根左右（褐色）。

四、自然的发色

一种名为麦乐宁（melanin）的色素赋予了皮肤和头发以独特的色彩。麦乐宁能刺激毛发生长并防止脱发。麦乐宁主要存在于毛干的皮质层，这一层是头发中的重要组成部分。

（1）头发中黑素细胞的数量以及它们所产生的麦乐宁类型，是由人体内基因所决定的。

（2）受黑素细胞和存在于发泡内的分裂细胞联合作用，麦乐宁得以形成。

（3）黑素细胞在发泡营养中心聚集，形成一个巨大的结构黑素体，这是一种由色素蛋白复合物组成的化合物。

（4）头发的自然色彩受到黑素体的尺寸、种类和分布方式的影响。简言之，黑素体（色素蛋白复合物）是由多种黑素细胞（包括麦乐宁细胞）聚合而成的，黑素体生成色素。

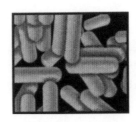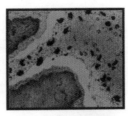

（5）麦乐宁的发色包括优麦乐宁和非麦乐宁两种，各具特色。优麦乐宁呈现一种深沉的棕黑色调，与非麦乐宁呈现出的红色截然不同。

五、头发的性质

（一）头发属性与 pH 值关系

（1）中性发质：表面滑而乌黑亮丽，弹性好，属于健康发，pH 值为 6 ～ 7。

（2）干性发质：小孔性，头发弹性较强，复原力快，不易吸水，容易干燥，pH 值为 7 ～ 8。

（3）油性发质：油脂分泌过盛，毛发油腻，头垢多，头发易脱，头皮发痒，pH 值为 4 ～ 6。

（4）受损发质：发层开叉、枯黄、脆弱无弹性，不易保持发型，头发粗糙、无光泽，pH 值 8 ～ 10。

（5）极度受损发质：多孔性发质，毛毛的，快速吸水，快速产生静电，pH 值为 10 以上。

（二）头发的生理现象

（1）含水率为 11% ～ 16%。

（2）特征：弹性、坚韧、柔顺。

（3）酸碱值：一般 pH 为 4.5 ～ 6.5，弱酸性。

（三）发丝的化学构成

（1）角蛋白分子在皮质层（头发皮质）中被压缩，从而形成一种规则的结构形态。

（2）一根发丝能够承受 100 ～ 150 克的重量，不会出现断裂现象，同时还能在空中自由旋转。

（3）角蛋白是一种由氨基酸构成的长链蛋白质，其每一条长链均呈现螺旋状的形态。

（4）蛋白质链是一种由 20 个或更多氨基酸混合而成的复杂结构，其中包含多种不同类型的氨基酸。

（四）发丝的物理属性

1. 弹性

头发具有弹性，能够抵御外部力量对其形状、外观和长度的改变，从而使头发恢复原状而不受损伤。然而，如果受到超过 30% 的拉力，头发可能会永久性受损或断裂。

2. 静电

在干燥的气候中，头发的受损或缺乏水分都可能导致静电现象的出现。

3. 湿度

头发的水分含量会随着周围空气湿度的变化而变化，过高的湿度会导致皮层膨胀、鳞片形成，从而使头发表面暂时变得粗糙，不易梳理。

4. 孔径

头发的健康与毛孔大小息息相关，因为随着毛孔的扩大，皮肤表面的水分容易流失，从而导致头发受损。

（五）酸碱度与头发

在受到强酸和强碱的影响后，头发中的角蛋白会发生分解反应并开始逐渐溶解，从而导致头发变得脆弱。

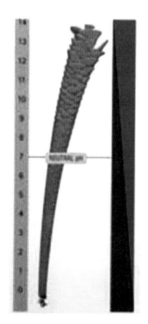

头发遇酸会收缩，毛鳞片会排列紧密，光滑，头发也就柔软。

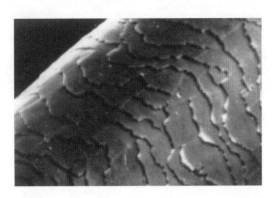

头发遇碱会膨胀，毛鳞片就会翘起。

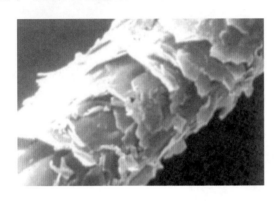

六、头发的作用

（1）保护作用：头发包裹着头颅，形成了头部的第一道防线，保护头部免受外来伤害。

（2）感觉作用：每一种物体接触头部时，首先会被头发感觉到。

（3）绝缘作用：在干燥的情况下，头发不易导电。

（4）调节作用：头发具有散热和保温的作用。

七、头发的种类

（1）钢发：粗硬，直径大，含水较多，富有弹性。

（2）绵发：细软，直径小，含水较多，弹性不大。

（3）油发：含水不多，弹性不稳定。

（4）沙发：含水量少，油脂少，没有弹性，烫发时间不宜过长。

（5）卷发：干性发质，缺少油脂和水分，剪发时应注意长度。

八、头发的粗细

（1）细发：0.04～0.06毫米。

（2）一般发：0.06～0.08毫米。

（3）粗发：0.08～0.1毫米。

一、脱发

（一）脱发的类型

1. 暂时性脱发（自然脱发）

每个人的发丝都会随着时间的推移逐渐新陈代谢，这是正常的生理现象。每日有 50 ～ 100 根发丝脱落，这并不可怕，因为每个人大约有 100 000 根头发。

2. 雄激素遗传性脱发

这是一种常见的脱发形式，其发病机制涉及遗传、荷尔蒙和年龄等多种因素。雄激素遗传性脱发会导致毛囊在头皮区域逐渐萎缩和缩小。

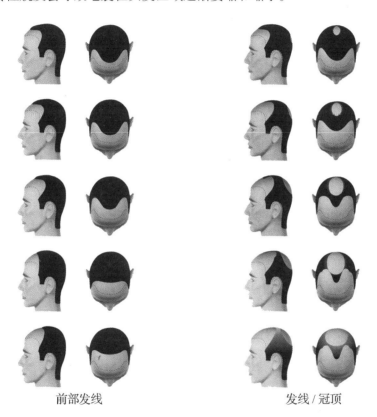

前部发线　　　　　　　　　　　　发线 / 冠顶

3. 其他脱发

（1）产后头发脱落。

有些妇女在分娩后会出现脱发。这往往是由于产后体内激素水平降低，内分泌失调所致，而不是因为怀孕时没有注意保护好头皮才导致。这种短暂的脱发现象被归类为产后脱发。

解决方案：事实上，解决这样的脱发在于体内激素水平的恢复，使其恢复至先前的状态。在这个过程中，需要从饮食和运动两个方面来帮助头发生长，直到头发的数量达到平衡状态，脱发才会逐渐消退。

（2）出现意外部分脱发。

头皮未出现明显的皮肤异常或严重疾病，但突然出现头发脱落，形成淡红色、圆形或不规则形状的脱发区域，这种情况被称为意外部分脱发。其发生机制尚不清楚，通常情况下，导致此现象的原因在于过度的心理压力。

解决方案：这类脱发仅限于个别时间，通常在数月内有所缓解，但也有可能出现复发的情况。

（3）由牵引性或外伤性因素引起的脱发。

头发长期受到外力的牵引或扭曲，会导致牵引性脱发情况。当头发被牵引到一定位置后，就会导致毛囊周围组织发生炎症和坏死，使毛发脱落。在头发湿润的情况下，若马尾辫或发卷扎得过紧，或梳头时用力过猛，都会对头发造成不良影响。头部外伤和某些疾病也会导致脱发。化学损伤，如过度烫发也可引起脱发。

解决方案：一旦找到了原因并加以纠正，这种类型的脱发便会得到有效遏制。

（二）脱发的疗法

（1）在医学领域，被广泛认可的产品，可有效预防头发脱落。发量增加剂是一种旨在提高发量的制剂。

（2）除医疗选择外，假发和接发也是一种可供选择的非医疗手段。

二、早白

（一）形成原因

（1）因精神紧张、神经衰弱等，头发的本身色素减退。

（2）家庭遗传因素。

（二）处理方法

（1）药物治疗。

（2）注意饮食营养。

（3）多做户外活动。

（4）保持愉快的情绪。

（5）必要时染发。

三、头发异常

（一）发丝断裂

对发丝进行拉扯，施以化学处理，暴露于阳光下或暴露于氯气中等，都可能使头发变脆弱，从而易断裂。

（二）发梢开叉

头发的开叉始于表皮，随着时间的推移，逐渐向皮层深处分叉。由于分叉部位通常缺乏表皮，发梢可能会呈现灰白色调。如果发现发尾出现严重的分叉现象，可以考虑对其进行修剪，并使用含有蛋白质的护发素。

（三）头发打结

头发打结往往由于过度使用化学漂白或染发。过度摩擦也可能导致头发打结。

（四）头发肿物

头发肿物指在发干部位呈现一种瘤状的肿块形态。该现象源于美发服务的处理不当，例如使用电钳导致的损伤，也可能是由于遗传性角蛋白缺乏所致。

四、常见的头皮病症

（一）头皮屑过多（糠疹）

症状呈现：头皮或头发上聚集了过多的白色鳞片状小屑，这是由上皮细胞脱落堆积而成的。

处理方法：采用药性洗发水进行清洁。

（二）干性头皮屑异常（糠疹单纯鳞癣）

症状呈现：头皮或头发上附着干燥的上皮细胞，并伴有头皮瘙痒感。

处理方法：经常使用温和的洗发液和抗菌液，对头皮进行细致的清洁和按摩，以维护头皮的健康和卫生。

（三）油性头皮屑异常（糠疹脂溢）

症状：脱落的上皮细胞与油脂混合后成串粘在头皮上；头皮发痒。

处理方法：建议医疗处理。

（四）金钱癣疾病（癣）

症状：圆形的红色小疱，是由植物寄生虫引起的。

处理方法：建议医疗处理。

（五）头皮金钱癣疾病（头癣）

症状呈现：一串红色斑点（丘疹）环绕着扩张的发囊，形成一个复杂的结构。头皮上有明显的白色斑片，在这些区域可观察到许多细小或密集的小白点，并伴有瘙痒感。在感染区，头发有可能断裂。

处理方法：建议医疗处理。

（六）蜂窝金钱癣疾病（蜂窝癣或毛囊癣）

症状：头皮上干燥的黄色结痂区域被称为黄癣痂。可能有奇怪的气味，也可能形成光滑的粉红色或白色疤痕。

处理方法：建议医疗处理。

（七）痒螨异常（疥癣）

症状：由动物寄生虫（痒螨）引起的红色小水泡。

处理方法：建议医疗处理。

（八）头虱异常（虱病）

症状：虱子在头皮上繁殖，导致瘙痒感和最终感染症状的出现。

处理方法：建议医疗处理。

头皮检测理疗机　　　　头皮检测模特

项目三
洗发、按摩与护发

✂ 学习情景描述

按照美发助理岗位要求，根据顾客发质为其选择适宜的洗发产品，为顾客提供洗发、按摩服务。

✂ 知识目标

1. 了解洗发的作用。
2. 掌握洗发操作程序、洗发质量标准要求及注意事项。
3. 掌握头部主要穴位及按摩手法。

✂ 技能目标

1. 能根据不同发质选用相应洗发用品。
2. 能运用一般洗发方法，进行坐洗、仰洗，做到泡沫打起充足、不滴流，冲洗干净、发丝松散。
3. 洗发手法运用得当，力度轻重适宜。
4. 毛巾包裹松紧适宜，不滴水，不脱落。
5. 能进行 10 ~ 20 分钟头部按摩，取穴正确，力度轻重适宜。

✂ 素质目标

1. 培养学生按服务规范及标准进行工作的能力。
2. 培养学生的服务意识。

任务一：水洗操作

一、洗发概述

洗发是剪发、烫发、染发、护发、整发等的前期工作，它不仅是一项预备步骤，更是顾客对美发师评估的第一印象。洗发是表现沟通能力的最佳时刻，也是一项很有价值的销售辅助活动实践。通过美发师的建议，顾客会获得额外的服务。

洗发也是使头发达到美感的先决条件。通过洗发可以去除头发和头皮的污垢（空气中的灰尘、头皮的皮脂腺和汗腺的分泌物，饰发用品的残留物，发胶、发乳、发蜡等），还可以去除头皮屑。

洗发的作用具体如下：

（一）保健作用——舒适、提神、醒脑

洗发操作通常运用揉搓、抓挠等动作来完成，这些动作反复接触头皮，可以促进血液循环和表皮组织的新陈代谢，有利用头发的生长。同时适当的刺激还可使头发得到按摩，让顾客产生轻松舒适之感，具有消除疲劳、振奋精神的作用，有利于顾客身心健康。

（二）美化作用——体现自然美

洗后的头发蓬松柔软，富有光泽。即使不做任何修饰，也能使头发的自然美感得到充分的展示。

（三）前提作用——为塑造发型打下基础

洗发为后续进行其他美发项目作铺垫，顺滑、清爽的头发易于梳理，便于修剪操作和吹风造型，是进行修剪、烫发、吹风造型、头部护理等项目的前提条件。

二、实训条件

操作前应准备的材料、设备、工具：洗发水、护发素、毛巾、洗发椅等。

三、技能标准

（一）洗发工具准备

洗发所需工具包括：洗发围布、毛巾、洗发水、护发素、吹风机、宽齿梳等。

（二）洗发流程及操作方法

包头

1. 检查顾客头皮状况

美发师要先对顾客的头皮状况进行检查，看看是否有红肿、破损及各类皮肤病症，以便决定是否可以进行洗发或其他项目的操作。

2. 围围布或穿洗发外衣

帮顾客围好围布或穿好洗发外衣，在顾客颈部围上毛巾并调整好松紧，扶顾客躺在洗头床上，可在顾客胸前再搭一块毛巾。

注意事项：

湿发前，用大齿梳梳理顾客头发，避免洗发时头发缠绕打结。

3. 调节好水温

用手腕内侧试水温，调好水温后再把喷头移到顾客的额头，问顾客水温是否合适。如果顾客对水温感到不适，立即把喷头从顾客的头部拿开，根据顾客要求调节水温，至顾客满意为止。

4. 冲水

开始洗头发前，以温水冲洗头发和头皮。

注意事项：

用温水（喷头）将头发完全冲湿，并使用一只手移动保护顾客的脸、耳及颈部，以防止水喷在顾客的面部。先冲前额头顶，手掌轻轻贴在顾客头上挡水，之后冲洗左侧鬓角、右侧鬓角和脑后。

冲洗时一手拿喷头，另一手插进头发里，手跟着水流的方向走，一定要冲透。

5. 涂放洗发水

将适量的洗发水先用两个手掌搓匀，再涂抹在客人耳上两边的头发上。

6. 开沫

双手以打圈方式揉出泡沫，泡沫适量后将泡沫拉到发尾并延伸到全头。

7. 收发际线

用双手的手指，在头皮作半圆弧状的按与滑动动作。

8. 抓洗

（1）抓洗头前部分。双手手掌向上或向下同时从前发际线抓至头顶，由神庭到黄金点反复抓洗，中间有停顿。缓慢向两侧移动，抓时移动长度越长越好，但力量需均匀放置于头部。

（2）抓洗头部两边侧面。手的移动由侧边发际线向顶部移动。

（3）抓洗头后部分。手的移动由下方发际向顶部移动。两手掌心，托住后脑，手指抓洗后脑，由颈部中间到头顶部。

（4）抓洗头顶部及正后部分。双手手指略为张开，交叉来回搓洗。移动动作可以锯齿状进行，幅度可大可小，力度可轻可重，根据实际需要调整。

抓洗一般是两遍，第一遍抓洗完毕，用水冲洗干净，再重新涂放洗发水抓洗第二遍。第二遍与第一遍的抓洗动作大致相同，但节奏可稍快些。抓洗时避免用指甲抓挠头皮。

9. 冲洗

调试好水温，然后将喷头顺发丝方向冲洗，并做不同角度转动。

 注意事项：

（1）一定要用自己手腕处试水温，水要先冲顾客的额头，不能烫伤顾客。

（2）随时和顾客沟通。

操作时两手配合要默契，左手手掌张开护住前额及耳部，右手拿喷头将泡沫完全冲洗干净。

10. 涂护发品

将护发素均匀地涂抹在发丝上，双手十指分开，理顺头发，在头发上停留1～2分钟，之后将护发素冲净。如需烫发或染发，则不要做护发处理。

11. 包毛巾

首先用干毛巾吸干脸部、颈部和耳部的水（毛巾以摩擦方式吸干头发的水），然后轻轻托起顾客的头部，用干毛巾沿发际线周围将头发包好，再轻轻托着顾客头部和肩部，告诉顾客可以坐起来了。

 注意事项：

注意包毛巾的方法，松紧合宜，也可用胸前毛巾包住头发。

12. 头发洗净后的打理

用一大块干毛巾把头发上的水尽量吸掉，再用大梳子轻轻梳理头发，自然晾干。如果使用吹风机应选择"柔和挡"，距头发10厘米之外，将头发吹干。切记，勿用干毛巾反复揉搓、拍打湿发，发根经过热水浸泡和按摩，血液循环加快，毛孔张开，粗暴对待，头发很容易被拉断。

四、情感要求

情感要求	优	良	差
尊敬师长			
爱岗敬业			
安全操作			
协作精神			
工作效益			

五、知识标准

（1）识记洗发的作用。

（2）掌握水洗洗发流程及操作方法。

（3）动作连贯自然。

（4）顾客放松，头部无大幅度晃动。

六、评价标准

评价内容	分值	扣分	实得分
正确选择洗护产品	20		
水洗操作流程规范	20		
洗发动作连贯自然	30		
询问顾客水温、力度是否合适	10		
顾客头部无大幅晃动	10		
顾客感觉舒服	10		

七、实训项目验收单

项目名称：水洗操作	起讫时间：	班级：	姓名：
项目标准： 1. 接待服务。 2. 发质鉴别。 3. 头皮检查。 4. 洗护产品选择。 5. 开始洗发操作。 6. 动作连贯自然。 7. 冲洗。 8. 吹干造型。 使用工具：		学生项目自评： 小组评价：	指导教师验收： 签名

注：指导教师验收应有评语，等级为优秀、良好、合格、不合格。

✄ 实施说明

1. 实训项目任务书旨在建立一个以能力为核心、以职业实践为主体、以模块化专业教育为主线的项目课程开发体系。在本任务书中，围绕"如何行动"展开，简明易懂，方便操作。

2. 学校致力于打造一支高素质的美发专业师资队伍，并配备先进的设备和管理体系，以确保任务书的顺利实施。

3. 在实施本任务书的过程中，教师应当运用产教融合的模式，营造具有工作氛围的学习环境，致力于提升学生的实际就业技能，为他们未来的职业发展打下坚实的基础。

针对项目课程的独特特点，笔者提出以下几个方面的建议，以确保任务书的有效实施：

1. 在教育理念方面，建议教师树立以学生为中心、以能力为核心、以专业实践为主线的教育观念。

2. 在教学方法方面，建议教师摒弃学科体系下的线性教学方式，通过工作任务和项目活动，实现理论与实践的有机融合。

3. 在教学行为方面，建议教师善于构思问题，创造具有挑战性的工作场景，营造积极向上的氛围，以激发学生的积极性和参与热情。

4. 建议对评估方法进行改革，包括但不限于强调过程评估和多元化评估等方面。

任务二：干洗操作

一、洗发概述

关于洗发的必要性与作用，任务一已概述，这里不再赘述。

二、实训条件

操作前应准备的材料、设备、工具：洗发水、护发素、滴瓶、毛巾、洗发椅。

三、技能标准

（一）洗发工具准备

洗发所需工具包括：洗发围布、毛巾、滴瓶、洗发水、护发素、吹风机、宽齿梳等。

干洗

（二）洗发流程及操作方法

1. 检查顾客头皮状况

美发师要先对顾客的头皮状况进行检查，看看是否有红肿、破损及各类皮肤病症，以便决定是否可以进行洗发或其他项目的操作。

2. 围围布或穿洗发外衣

帮顾客围好围布或穿好洗发外衣，在顾客颈部围上毛巾并调整好松紧。

🔱 **注意事项：**

湿发前，用大齿梳梳理顾客头发，避免洗发时头发易缠绕打结。

3. 涂放洗发水、开沫

（1）根据顾客个体情况决定洗发水的用量。

（2）开泡沫：把洗发水涂抹在顾客头顶上，一只手拿滴瓶，向有洗发水的地方加水，另一只手五指自然弯曲，置于头顶部位，并使手指微微插入发丝中，做顺时针或逆时针转动，打圈涂抹洗发水，打出丰富的泡沫，直至泡沫布满整个头部。

4. 收发际线

用双手的手指，在头皮作半圆弧状的按与滑动动作，收拢发际线。

5. 抓洗

（1）抓洗头前部分。用双手指腹的前端，由前发际处抓洗到顶部（黄金点），每处来回移动 2 ～ 3 次，并缓慢向侧面移动，再缓慢向另一侧移动，抓的动作、移动长度越长越好，但力量需均匀放置于头部。

（2）抓洗头部两边侧面。手的移动由侧边发际线向顶部移动。

（3）抓洗头后部分。手的移动由下方发际向顶部移动。

（4）抓洗头顶部及正后部分。双手手指略微张开，交叉来回搓洗。

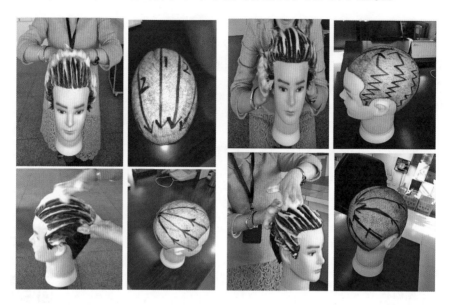

抓洗一般是两遍，第一遍抓洗完毕，应除去脏的泡沫，再重新涂放洗发水抓洗第二遍。第二遍与第一遍的抓洗动作大致相同，但节奏可稍快些。抓洗时避免用指甲抓挠头皮。

6. 冲洗

将顾客领至洗发椅处躺好，调试好水温，然后将喷头顺发丝方向冲洗，并做不同角度转动。操作时两手配合要默契，左手手掌张开护住前额及耳部，右手拿喷头将泡沫完全冲洗干净。

7. 涂护发品

将护发素均匀地涂抹在发丝上，双手十指分开，理顺头发，在头发上停留 1 ～ 2 分钟，之后将护发素冲净。如需烫发或染发则不要做护发处理。

8. 包毛巾

首先用毛巾吸干脸部、颈部、耳部的水（毛巾以摩擦方式吸干头发的水）然后轻轻托起顾客的头部，用毛巾沿发际线周围将头发包好，再轻轻托着顾客头部和肩部，告诉顾客可以坐起来了。

9. 头发洗净后的打理

用一大块干毛巾把头发上的水尽量吸掉，再用大梳子轻轻梳理头发，自然晾干。如果使用吹风机应选择"柔和挡"，距头发 10 厘米之外，将头发吹干。切记，勿用干毛巾反复揉搓、拍打湿发，发根经过热水浸泡和按摩，血液循环加快，毛孔张开，粗暴对待，头发很容易被拉断。

（三）洗发效果不佳的原因

1. 顾客感觉不舒服

（1）洗发时间过长。

（2）顾客躺在洗发椅上的位置不合适（过高或过低）。

（3）洗发动作及力度不准确。力度不要太轻或太重，应调整到顾客感觉舒服的力度，注意一定要用指腹，不要用指甲，以免刮伤头皮。

（4）水温不合适。水温偏高或偏低，一般应保持在39℃～42℃。

（5）洗发动作不规范。

2. 洗发时泡沫不丰富

（1）洗发水与水的比例不合适，太稀或太稠都会造成洗不出泡沫或泡沫不充足。

（2）头发太脏也是原因之一，可考虑增加洗发次数。

3. 泡沫及水淋湿顾客的衣服

（1）在洗发过程中，泡沫不能太多。太多的泡沫容易溅到顾客脸上或衣服上；抓洗时手指尽量要干净，多余的泡沫可以冲掉。

（2）水洗冲洗时喷头的角度不对，没有顺发丝方向冲洗。

（3）左手没有与右手相配合，以保护好顾客。

（4）干洗涂放洗发水时，打圈的动作不协调。

（5）倒洗发水的位置不对，应倒在头顶偏后的位置上。泡沫要尽量集中到顾客头顶，否则容易把泡沫弄到顾客耳朵和脸上（把泡沫集中到手心里面，就比较容易控制）。

4. 颈部冲洗不彻底

（1）顾客躺在洗发椅上的位置过低，以致颈部没有完全显露出来。

（2）没有将顾客头部抬起来冲洗，所以导致颈部冲洗不彻底。

5. 程序出错

没有给顾客使用护发素或在顾客要烫发、染发前，使用了护发素。

四、情感要求

情感要求	优	良	差
尊敬师长			
爱岗敬业			
安全操作			
协作精神			
工作效益			

五、知识标准

（1）识记干洗的作用。
（2）掌握干洗洗发流程及操作方法。
（3）动作连贯自然。
（4）顾客放松，头部无大幅度晃动。

六、评价标准

评价标准	分值	扣分	实得分
正确选择洗护产品	20		
干洗操作流程规范	20		
洗发动作连贯自然	30		
询问顾客水温、力度是否合适	10		
顾客头部无大幅晃动	10		
顾客感觉舒服	10		

七、实训项目验收单

项目名称：干洗操作	起讫时间：	班级：	姓名：
项目标准： 1. 接待服务。 2. 发质鉴别。 3. 头皮检查。 4. 洗护产品选择。 5. 开始洗发操作。 6. 动作连贯自然。 7. 冲洗。 8. 吹干造型。		学生项目自评：	
		小组评价：	指导教师验收： 签名
使用工具：			

注：指导教师验收应有评语，等级为优秀、良好、合格、不合格。

✂ 实施说明

1. 实训项目任务书旨在建立一个以能力为核心、以职业实践为主体、以模块化专业教育为主线的项目课程开发体系。在本任务书中,主线围绕着"如何行动"展开,简明易懂,方便操作。

2. 学校致力于打造一支高素质的美发专业师资队伍,并配备先进的设备和管理体系,以确保任务书的顺利实施。

3. 在实施本任务书的过程中,教师应当运用产教融合的模式,营造具有工作氛围的学习环境,致力于提升学生的实际就业技能,为他们未来的职业发展打下坚实的基础。

针对项目课程的独特特点,笔者提出了以下多个方面的建议,以确保任务书的有效实施:

1. 在教育理念方面,建议教师树立以学生为中心、以能力为核心、以专业实践为主线的教育观念。

2. 在教学方法方面,建议教师摒弃学科体系下的线性教学方式,通过工作任务和项目活动,实现理论与实践的有机融合。

3. 在教学行为方面,建议教师善于构思问题,创造具有挑战性的工作场景,营造积极向上的氛围,以激发学生的积极性和参与热情。

4. 建议对评估方法进行改革,包括但不限于强调过程评估和多元化评估等方面。

任务三：按摩操作

一、按摩概述

按摩是通过各种手法作用于人体的头、肩、背部等，以调整人体机能状态，达到保健身体、消除疲劳的目的。具体作用为：

（1）促进血液循环。

（2）消除疲劳，使精神焕发。

（3）促进新陈代谢。

（4）增强皮肤弹性。

二、实训条件

操作前应准备的材料、设备、工具：毛巾、洗头椅等。

三、技能标准

（一）头部穴位位置和按摩的作用

头部穴位位置见下图。

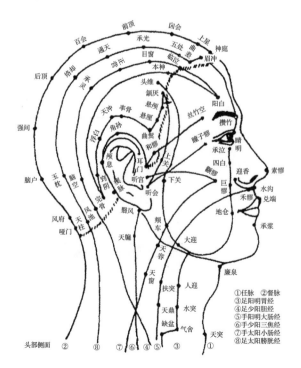

头部主要穴位及按摩的作用见下表。

穴位名称	位置描述	按摩作用
攒竹穴	位于两个眉头处	疏风解表、镇静安神
印堂穴	位于两眉的间隙中点	主治头痛、头晕
神庭穴	在前发际线正中直上五分处（1分≈0.33厘米）	主治头痛、头晕
百会穴	位于前顶后一寸五分处	主治头痛、昏迷不醒等
太阳穴	位于眉后，距眼角五分凹陷处	疏风解表、清热、明目、止痛
率谷穴	位于耳上发际线一寸五分处	主治头痛
风府穴	位于后发际线正中一寸处（1寸≈3.33厘米）	散热吸湿
风池穴	在后脑部两端的凹陷处	发汗解表，祛风散寒，调节皮脂腺和汗腺的分泌
翳风穴	位于耳垂后方，张口取之凹陷处	疏风通络，改善面部血液循环
听会穴	位于耳垂直下正前方凹陷处	主治止痛
听宫穴	头部侧面耳屏前部，耳珠平行缺口凹陷中，耳门穴的稍下方	主治耳聋、耳鸣、牙齿疼痛
耳门穴	位于人体的头部侧面耳前部，耳珠上方稍前缺口陷中，微张口时取穴	降浊升清
哑门穴	在顶部后正中线上，第一颈椎与第二颈椎棘突之间的凹陷处（后发际凹陷处）	主治头痛、头晕

（二）头部按摩程序及方法

1. 松弛头部

双手十指略分开，插入头发中，然后十指并拢夹住头发轻轻向外提拉。

2. 点穴

小面部穴位：印素、费竹、鱼腰、经竹空。

以顺时针或逆时针方向绕圈的方式揉按，再带力按压穴位。

太阳穴位：食指、中指分别按住太阳穴，以顺时针或逆时针方向绕圈的方式揉按，先揉几下，随后将手指轻提，稍作停顿再沿穴位按一下。

3. 头部按摩

（1）头部纵向三条线穴位的按摩。

手法：点按穴位。

第一条线：由神庭穴至百会穴；

第二条线：由临泣穴至后顶穴；

第三条线：由头维穴至脑空穴。

（2）头部横向三条线穴位的按摩。

手法：点按穴位。

第一条线：由上星穴至目窗穴至率谷穴。

第二条线：由囟会穴至正营穴至率谷穴。

第三条线：由百会穴至承灵穴至率谷穴。

（3）从发际线到后顶部的按摩。

手法：点按直到后顶部。

由上星穴至目窗穴至率谷穴。

（4）点压法。

手法：用指端在所有穴位上用力向下点压。

由上星穴至目窗穴至率谷穴。

（5）敲击头部。

手法一：用手指的侧面及掌侧面依靠腕关节摆动击打按摩部位，力度均匀而有节奏。

手法二：双手合十，掌心空虚，腕部放松，快速抖动手腕，以双手小指外侧着力，叩击头部，从头顶至颈部轻扣头皮。

手法三：先用一只手轻抚头部，然后用握空心拳的另一只手敲打其手背，或者双手握空心拳同时敲打头部。

（6）轻弹头顶部。

手法：指尖并拢成梅花状，用指尖在皮肤表面一定部位上做垂直上下击打动作。

4. 再次放松头部

手法：双手十指略张抓入头发中，十指略并拢夹住头发轻轻向外提拉。

5. 耳部按摩

手法：揉按。双手拇指、食指分别沿耳轮揉按耳门、听宫、听会、翳风穴位。

6. 颈部按摩

手法一：将拇指与食指、中指或用拇指与其余四指卷曲成弧形，在所选定的穴位处，一握一松地用力拿捏。

手法二：由后颈向上用拇指依次按压揉动哑门、风府、风池穴。

手法三：用拇指、食指、中指按摩颈椎部。

手法四：双手拇指按摩颈椎部。

（三）肩部、背部主要穴位的作用

肩部、背部主要穴位的作用见下表。

穴位名称	位置描述	按摩作用
肩井穴	位于大椎穴与肩峰连线中间	主治肩背部疼痛
大椎穴	位于第七颈椎与第一脑椎棘突之间	主治肩背部疼痛、发热、中暑、咳嗽等症

穴位名称	位置描述	按摩作用
肩中俞穴	位于背部第七颈椎棘突下,旁开两寸	主治咳嗽、肩背疼痛、目视不明
肩外俞穴	位于背部第一胸椎和第二胸椎突起中间向左右各四指处	主治肩膀僵硬、耳鸣
巨骨穴	位于肩上部,锁骨肩峰端与肩胛冈之间凹陷处	主治肩臂挛痛不递、瘰疬、瘿气
肩髎穴	位于人体的肩部,肩偶穴后方,当臂外展时,于肩峰后下方量现凹陷处	主治臂痛,肩重不能举
肩髃穴	位于肩峰端下缘,当臂峰与肱骨大绪节之间,三角肌上部中央	主治肩臂挛痛、上肢不递等肩、上肢病症
天宗穴	位于肩胛骨下窝中央凹陷处,约肩胛骨冈下缘与肩胛下角之间的上 1/3 折点处	主治肩胛疼痛、肩背部损伤等局部病症
缺盆穴	位于人体的锁骨上窝中央,距前正中线 4 寸	主治咳嗽、气喘、咽喉肿痛

(四)肩部、背部按摩的程序及方法

(1)双手从后发际处开始向下拿捏颈部数次。

(2)拇指从后发际线处开始向下揉至脖根处,来回反复数次。

(3)双手拿捏肩部肌肉。可以运用躺式、坐式两种方式进行。

(4)点、按肩上穴位:肩井穴、肩外穴、天宗穴、缺盆穴。

1)操作方法:指端在所用穴位上垂直向下点、压、揉。

2)操作要求:操作时应舒缓有力,动作要连贯、协调、有节奏,由轻渐重。

(5)双手合拢敲击肩部数次。

1)操作方法:双手掌心相对,用手指的指侧面及掌侧依靠腕关节摆动击打按摩部位,力度均匀而有节奏。

2)操作要求:不可重拍,要注意节奏,要用腕力而不是臂力。

(6)抖动顾客的左右手臂数次。

水洗按摩

(五)按摩的注意事项及易出现的问题

1. 按摩的注意事项

(1)洗发按摩以头部按摩为主,配以肩部、背部按摩,按摩后顾客应感到轻松舒适。

(2)头部按摩强调适当的节奏性和方向性,手法要由轻到重,先慢后快,由浅及深,以达到轻柔、持久、均匀、有力的手法要求。

（3）按摩时间长短、力度轻重，应先征求顾客意见，再进行操作。

（4）对明显患有头部皮肤病以及患有严重心脏病的顾客禁忌按摩。

2. 按摩易出现的问题

（1）程序性错误。

在洗发过程中进行头部按摩，会导致洗发水在头发上停留时间过长，造成头发损伤。

（2）手法错误。

1）穴位的点、按位置不准确。

2）手法过轻或过重。

3）按摩动作太快或太慢。

4）手法不规范。

3. 正确按摩的方法

（1）事先询问顾客对按摩的承受能力，选择适当的手法和力度。

（2）以准确的穴位点，按规范的手法动作进行头、颈、肩部的按摩。

四、情感要求

情感要求	优	良	差
尊敬师长			
爱岗敬业			
安全操作			
协作精神			
工作效益			

五、知识标准

（1）掌握头、肩、背主要穴位按摩的基础知识。

（2）了解按摩的作用。

（3）掌握按摩的手法和操作方法。

（4）了解不同穴位的作用。

六、评价标准

评价标准	分值	扣分	实得分
了解穴位名称	20		
了解不同穴位的作用	20		
掌握按摩手法	20		
手法、力度轻重适宜	20		
顾客无不舒适感	10		
按摩动作连贯自然	10		

七、实训项目验收单

项目名称：按摩	起讫时间：	班级：	姓名：
项目标准： 1. 接待服务。 2. 发质鉴别。 3. 头皮检查。 4. 进行头部按摩。	学生项目自评：		
	小组评价：	指导教师验收：	
使用工具：		签名	

注：指导教师验收应有评语，等级为优秀、良好、合格、不合格。

✂ 实施说明

1. 实训项目任务书旨在建立一个以能力为核心、以职业实践为主体、以模块化专业教育为主线的项目课程开发体系。在本任务书中，围绕着"如何行动"展开，简明易懂，方便操作。

2. 学校致力于打造一支高素质的美发专业师资队伍，并配备先进的设备和管理体系，以确保任务书的顺利实施。

3. 在实施本任务书的过程中，教师应当运用产教融合的模式，营造具有工作氛围的学习环境，致力于提升学生的实际就业技能，为他们未来的职业发展打下坚实的基础。

针对项目课程的独特特点，笔者提出以下多个方面的建议，以确保任务书的有效实施：

1. 在教育理念方面，建议教师树立以学生为中心、以能力为核心、以专业实践为主线的教育观念。

2. 在教学方法方面，建议教师摒弃学科体系下的线性教学方式，通过工作任务和项目活动，实现理论与实践的有机融合。

3. 在教学行为方面，建议教师善于构思问题，创造具有挑战性的工作场景，营造积极向上的氛围，以激发学生的积极性和参与热情。

4. 建议对评估方法进行改革，包括但不限于强调过程评估和多元化评估等方面。

拓展思考

不同发质对洗发、护发、美发产品的要求有何不同？

学习情景的相关知识点

💡 知识点一　　洗发

一、洗发的作用

（1）通过洗发达到头部皮肤的清洁。

（2）通过洗发的抓挠促进血液循环，消除疲劳。

（3）推剪后通过洗发，清除尘、油和发茬。

（4）长发需修剪时湿润头发便于修剪。

二、洗发的程序

（1）准备洗发用品，如毛巾、围布、宽齿梳、洗发水、护发素等。

（2）检查顾客头皮状况。

（3）系围布或穿洗发外衣。

（4）冲湿头发。

（5）涂洗发水。

（6）抓洗。

（7）冲水。

（8）涂护发素。

（9）包裹毛巾。

（10）扶顾客起身。

（11）引导顾客到美发椅准备发型制作。

三、洗发的方式和要点

（一）洗发的方式

1. 坐式洗发

坐式洗发是顾客坐在美发椅上，美发师在干发基础上进行洗发的一种方式，其特点是顾客感觉较轻松，抓洗充分，是男士和女士都可以采用的一种洗发方式。

2. 仰式洗发

仰式洗发又称"躺洗",是顾客躺在洗发椅上完成洗发操作的一种方式,顾客感觉较放松,但颈部和耳后不易清洗。

(二)洗发的要点

1. 水洗——后部站位

水洗头

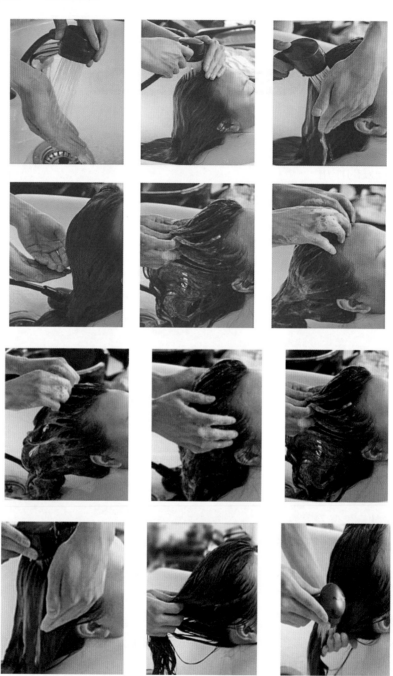

2. 水洗——侧面站位

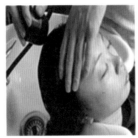 

3. 水洗时的技巧

（1）从前发际线向后抓头皮，先中间后两边。

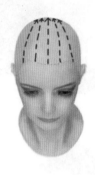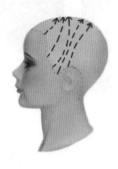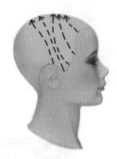

（2）双手交叉，指腹与头皮产生摩擦。

（3）双手交替，沿前发际线交替运动。

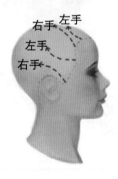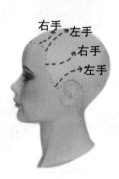

（4）从后发际线向上抓头皮。

4. 干洗

除尘干洗手法与水洗相同。

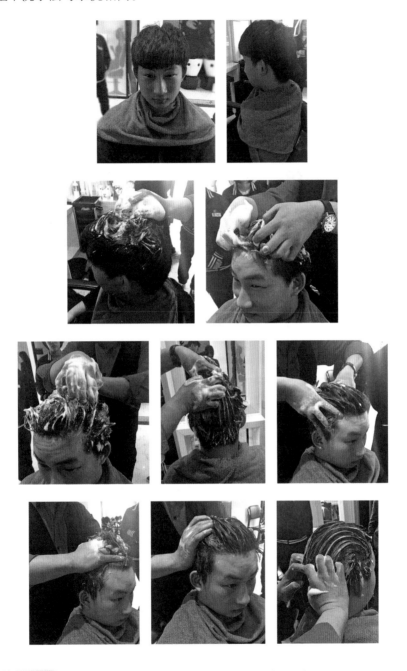

💡 **知识点二** 　　按摩

在美发操作中，按摩是附加的一项服务，是通过各种手法作用于人体的头、肩、背部等，以调整人体头、肩、背部等的肌肉状态，达到放松身体、消除疲劳的目的。

一、头部按摩的顺序

（一）头部按摩

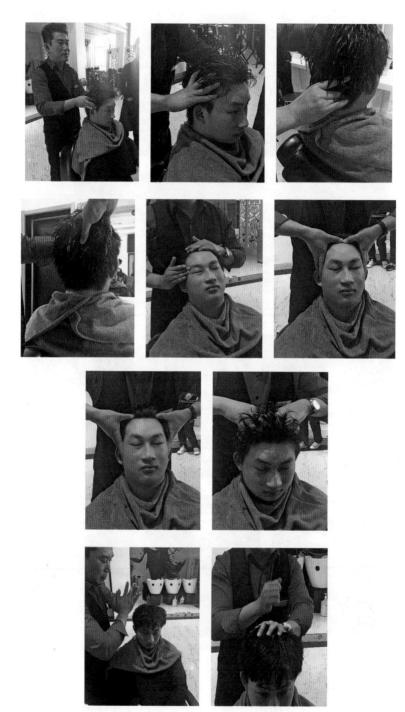

（二）耳部按摩

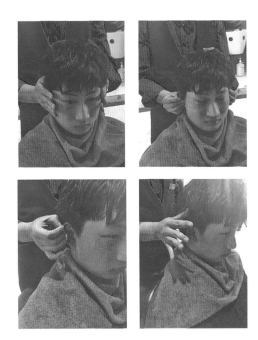

（三）颈部按摩

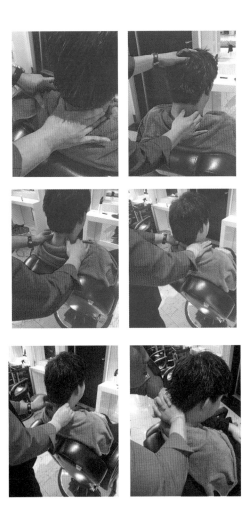

（四）肩部按摩

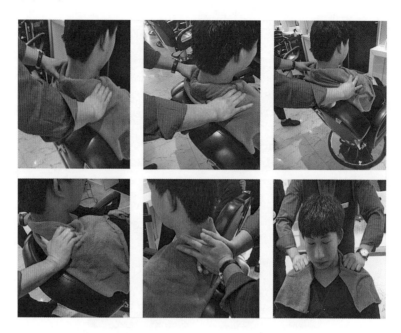

（五）背部按摩

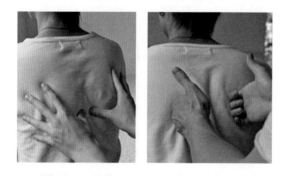

二、按摩的手法要领

（一）按法

以指尖或手掌为工具，有规律地施加压力于顾客身体的适当部位，这种行为被称为按压。按压一般分为单手和双手两种方式，分别用于施加压力。在实践中，对于肋骨下方和腹部的压迫，常常采用单手或双手的方式进行操作。如果用拇指和食指进行按压时，可采用一种特殊方法——双手指同时按压法。在那些背部或肌肉发达的区域，也可以采用单手进行按压，这样能使胸部以下部位得到充分放松。将左手置于右手下方，轻轻按压左手的指背，以达到同样的效果。将右手置于左手下方，施加压力于右手的指背，也可以达到同样的效果。

（二）摩法

摩法指触摸，可分为左手触摸法和右手触摸法两种。将手指或手掌轻抚于顾客身体的恰当部位，以感受其触感。单手触摸法常被运用于上肢和肩部，而双手触摸法则常被用于胸部的按摩。

（三）拿法

以微小的力量抓住皮肤的合适部位，以达到握持的目的。在实践中，单一手法常被运用于下肢和肌肉区域。当顾客因情绪紧张、烦躁、突然呛咳、胸闷气阻时，可采用单手托举法，通过上下抓紧肌肉，以每秒2次的速度进行抓取，然后放下并再拿取20次，稍作休息后再拿取20次，这样可使胸中通畅，气息渐和。

（四）揉法

采用揉捏手法，将手轻抚于顾客肌肤之上，轻轻旋转，仿佛在进行一次轻柔的按摩。用手慢慢地把顾客身上的一些地方揉动起来，使局部肌肉放松，然后再用力揉动一下，让其产生一种温热感。揉法分单手揉法与双手揉法。双手揉法比单手揉法更有效，因为它可以刺激经络穴位，使气血运行通畅，从而起到疏通经络、调和脏腑之作用。以手指轻抚太阳穴及其他较小的区域，以手掌轻抚背部较大的区域。

（五）掐法

掐法是指用手指在骨面上捏住皮肤、肌肉合适的部位。掐法与拿法有相似之处，但拿法以双手全部力量为基础，掐法则以手指为中心。掐法是指用拇指或食指对顾客皮肤进行按压的一种方法。在按摩中，掐法是一种常用的基本技巧，通常与揉法相辅相成，以达到更好的效果。采用掐法可以促进血液和淋巴循环的改善，因为掐法可轻微挤压肌肉，使指尖向外推出，从而增强皮肤和肌腱的运动能力。掐后会出现局部发热、酸痛等现象，这是因为按压时产生了热刺激所致。浅掐可缓解风寒湿邪所致的肌肉、关节疼痛，而深掐则可促进筋脉、关节及其周围风寒湿邪的消散和瘀血的消散。掐按时需掌握好力度和速度，以达到事半功倍之目的。有两种可供选择的方法，一种是单手掐，另一种是双手向前掐。

（六）叩法

这种方法是通过手掌和手指对穴位或身体部位进行反复敲打以达到放松目的。在实践中，常常在进行按摩操作之后施用。因为手法是有一定顺序和规律的，要根据需要进行选择。当然，在必要的情况下，也可以采用单独的敲击法，以达到更好的效果。要根据情况选择合适力度和频率的手法。

（七）啄法

指尖并拢呈梅花状，用指尖在皮肤表面、一定部位上做垂直状上下击打动作。

头发护理 1　　　　头发护理 2　　　　头发护理 3

项目四
烫发造型

✂ **学习情景描述**

按照美发助理岗位的有关知识进行烫发操作。

✂ **知识目标**

1. 掌握各种烫发工艺的操作方法和技巧。
2. 掌握各种发质的烫发技能。
3. 根据顾客不同情况和要求进行烫发。

✂ **技能目标**

1. 能够对顾客烫发前的发质和头皮状况进行详尽分析。
2. 能够根据顾客不同发质的特点和需求，选择相应的烫发水。

✂ **素质目标**

1. 培养学生依据岗位职责进行不同类型烫发的素养。
2. 培养学生按服务规范及标准进行工作的能力。

任务一：标准卷杠

一、标准卷杠的操作

人们通过改变头发的形状，以增加自己的风采和魅力。我们要了解烫发与造型的概念，懂得烫发设计质感的分析及它的种类。烫发的原理和基本面的处理也是我们应当掌握的。

二、实训条件

操作前应准备的材料、设备、工具：绵纸、皮筋、卷发杠、尖尾梳1把、水壶1个、发区夹2个。

三、技能标准

卷杠一标准

（一）卷杠的操作技巧

（1）将头发喷湿梳顺。

（2）分区（十字形分区）。

（3）分发片开始卷杠（发片的宽度不超过卷发杠的八分宽，厚度不大于卷发杠的直径、不小于卷发杠的半径）。

（4）发片提拉90度。

（5）发尾不打折，双手同时卷曲。

（6）皮筋固定（里紧外松）。

（7）一区完成后开始卷曲侧区。

（8）按同样的发片厚度和宽度进行分区。

（9）完成全头卷曲。

（二）卷杠的质量要求

（1）正确进行分区。

（2）发片薄厚均匀。

（3）头发保持湿润。

（4）卷曲力度均匀。

（5）排列整齐。

（三）重点和难点

（1）发片的厚薄控制及角度控制。

（2）标准卷杠排列整齐。

四、情感要求

情感要求	优	良	差
尊敬师长			
爱岗敬业			
安全操作			
协作精神			
工作效益			

五、知识标准

（1）掌握标准卷杠的排列方法。
（2）正确进行卷曲操作。
（3）发根无压痕，发尾不打折。
（4）排列整齐。

六、评价标准

评价标准	分值	扣分	实得分
掌握标准卷杠的排列方法	20		
正确进行卷曲操作	20		
发根无压痕，发尾不打折	20		
模型头无大幅晃动	20		
力度均匀	10		
排列整齐	10		

七、实训项目验收单

项目名称：标准卷杠	起讫时间：	班级：	姓名：
项目标准： 1. 工具准备。 2. 分区。 3. 分片。 4. 卷曲。 5. 排列。 6. 固定。 7. 收拾工位。		学生项目自评：	
		小组评价：	指导教师验收：
使用工具：			签名

注：指导教师验收应有评语，等级为优秀、良好、合格、不合格。

✂ 实施说明

1.实训项目任务书旨在建立一个以能力为核心、以职业实践为主体、以模块化专业教育为主线的项目课程开发体系。在本任务书中,围绕"如何行动""确定八个具体内容"展开,简明易懂,方便操作。

2.学校致力于打造一支高素质的美发专业师资队伍,并配备先进的设备和管理体系,以确保任务书的顺利实施。

3.在实施本任务书的过程中,教师应当运用产教融合的模式,营造具有工作氛围的学习环境,致力于提升学生的实际就业技能,为他们未来的职业发展打下坚实的基础。

针对项目课程的独特特点,笔者提出以下几个方面的建议,以确保任务书的有效实施:

1.在教育理念方面,建议教师树立以学生为中心、以能力为核心、以专业实践为主线的教育观念。

2.在教学方法方面,建议教师摒弃学科体系下的线性教学方式,通过工作任务和项目活动,实现理论与实践的有机融合。

3.在教学行为方面,建议教师善于构思问题,创造具有挑战性的工作场景,营造积极向上的氛围,以激发学生的积极性和参与热情。

4.建议对评估方法进行改革,包括但不限于强调过程评估和多元化评估等方面。

任务二：砌砖型卷杠

一、砌砖型卷杠的操作

人们希望通过改变头发的形状，以增加自己的风采和魅力。我们要了解烫发与造型的概念，懂得烫发设计质感的分析及它的种类，掌握烫发的原理和基本面的处理。

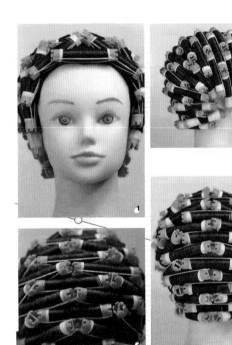

卷杠—砌砖

二、实训条件

操作前应准备的材料、设备、工具：绵纸、皮筋、卷发杠、尖尾梳 1 把、水壶 1 个。

三、技能标准

（一）卷杠的操作技巧

（1）将头发喷湿梳顺。

（2）将头发全部向后梳。

（3）分发片开始卷杠（发片的宽度不超过卷发杠的八分宽，厚度不大于卷发杠的直径、不小于卷发杠的半径）。

（4）发片提拉 90 度。

（5）发尾不打折，双手同时卷曲。

（6）皮筋固定（里紧外松）。

（7）第一层第一个卷发杠卷完后，开始卷曲第二层两个卷发杠。

（8）按 1、2、3、4、5、4、3、2、3 的规律进行全头卷曲。

（9）完成全头卷曲。

（二）卷杠的质量要求

（1）发片薄厚均匀。

（2）头发保持湿润。

（3）卷曲力度均匀。

（4）排列整齐。

（三）重点和难点

（1）发片的薄厚控制及角度控制。

（2）砌砖型卷杠排列整齐。

四、情感要求

情感要求	优	良	差
尊敬师长			
爱岗敬业			
安全操作			
协作精神			
工作效益			

五、知识标准

（1）掌握砌砖型卷杠的排列方法。

（2）正确进行卷曲操作。

（3）发根无压痕，发尾不打折。

（4）排列整齐。

六、评价标准

评价标准	分值	扣分	实得分
掌握砌砖型卷杠的排列方法	20		
正确进行卷曲操作	20		
发根无压痕，发尾不打折	20		
模型头无大幅度晃动	20		
力度均匀	10		
排列整齐	10		

七、实训项目验收单

项目名称：砌砖型卷杠	起讫时间：	班级：	姓名：
项目标准： 1. 工具准备。 2. 头发喷湿梳顺。 3. 卷曲。 4. 按照1、2、3、4、5、4、3、2、3、2的规律进行卷曲排列。 5. 固定。 6. 收拾工位。		学生项目自评：	
		小组评价：	指导教师验收：
使用工具：			签名

注：指导教师验收应有评语，等级为优秀、良好、合格、不合格。

✂ 实施说明

1. 实训项目任务书旨在建立一个以能力为核心、以职业实践为主体、以模块化专业教育为主线的项目课程开发体系。在本任务书中，围绕"如何行动""确定八个具体内容"展开，简明易懂，方便操作。

2. 学校致力于打造一支高素质的美发专业师资队伍，并配备先进的设备和管理体系，以确保任务书的顺利实施。

3. 在实施本任务书的过程中，教师应当运用产教融合的模式，营造具有工作氛围的学习环境，致力于提升学生的实际就业技能，为他们未来的职业发展打下坚实的基础。

针对项目课程的独特特点，笔者提出以下几个方面的建议，以确保任务书的有效实施：

1. 在教育理念方面，建议教师树立以学生为中心、以能力为核心、以专业实践为主线的教育观念。

2. 在教学方法方面，建议教师摒弃学科体系下的线性教学方式，通过工作任务和项目活动，实现理论与实践的有机融合。

3. 在教学行为方面，建议教师善于构思问题，创造具有挑战性的工作场景，营造积极向上的氛围，以激发学生的积极性和参与热情。

4. 建议对评估方法进行改革，包括但不限于强调过程评估和多元化评估等方面。

任务三：烫发操作

一、烫发概述

烫发是对修剪好的发型进行造型，通过技术手段改变发型的纹理形态，从而改变发型的形状、方向和体积，使发型发生变化。烫发造型将烫发设计与烫发技术相融合，产生持久、美观、多样的造型效果。

二、实训条件

操作前应准备的材料、设备、工具：烫发液、洗发水、护发素、加热机 1 台、尖尾梳 1 把、水壶 1 个、发区夹 5 个、一次性手套、皮筋、绵纸、卷发杠、保鲜膜。

三、技能标准

（一）烫发工艺流程

（1）接待服务。

（2）发质鉴别：用手触摸并观察顾客的发质，根据发质选择相应的烫发方法。检查顾客的头发有无损伤、是否容易断裂。

（3）检查顾客的头皮：检查头皮是否有破损、发炎或传染病等问题，若有这些问题，则不能进行烫发操作。

（4）烫发设计：根据顾客的发质和头发长度及顾客的自我选择来确定最终的烫发方案。

（5）烫发方法的选择：根据顾客的头发情况选择操作方法（如热烫还是冷烫）。

（6）进行修剪及卷杠操作：确定好方案后开始进行修剪及卷杠操作。

（7）卷曲：根据确定的发型进行卷曲（卷曲时发尾不打折，皮筋不压发根）。

（8）上烫发药水：根据发质上烫发药水。

（9）确定烫发加热时间：随时对烫发卷进行观察，根据不同发质确定加热时间。

（10）冲洗：软化剂到时间后进行冲水，将烫发药水完全冲洗干净。

（11）上定型药水：用干毛巾将水分吸干，上定型药水。

（12）定型：根据发质确定定型时间并等候。

（13）冲洗：拆杠，冲水。

（14）吹风造型：完成吹风造型。

（二）烫发的质量要求

（1）根据顾客的发质和要求，正确选择烫发药水进行烫发。

（2）正确使用卷发杠、皮筋，完成卷曲。

（3）烫后发花不焦不毛。

（三）重点和难点

（1）头发卷杠合理，发根无压痕。

（2）烫后头发成卷牢固，发花不焦不毛。

（3）烫发时掌握好药水停留的时间。

四、情感要求

情感要求	优	良	差
尊敬师长			
爱岗敬业			
安全操作			
协作精神			
工作效益			

五、知识标准

（1）掌握冷烫、热烫的相关知识。

（2）掌握烫发的作用。

（3）了解烫发的原理。

（4）掌握烫发后的护理方法。

六、评价标准

评价标准	分值	扣分	实得分
正确选择卷发杠大小	20		
正确选择烫发药水	20		

续表

评价标准	分值	扣分	实得分
烫后发花有弹性	20		
烫后头发不干枯	20		
头皮发根无压痕	10		
成卷牢固有光泽	10		

七、实训项目验收单

项目名称：烫发程序	起讫时间：	班级：	姓名：
项目标准： 1. 接待服务。 2. 发质鉴别。 3. 头皮检查。 4. 烫发方法选择。 5. 卷曲。 6. 上烫发药水。 7. 加热。 8. 冲洗。 9. 上定型药水。 10. 冲洗。 11. 吹风造型。		学生项目自评：	
		小组评价：	指导教师验收：
使用工具：			签名

注：指导教师验收应有评语，等级为优秀、良好、合格、不合格。

✂ 实施说明

1.实训项目任务书旨在建立一个以能力为核心、以职业实践为主体、以模块化专业教育为主线的项目课程开发体系。在本任务书中,围绕着"如何行动""确定八个具体内容"展开,简明易懂,方便操作。

2.学校致力于打造一支高素质的美发专业师资队伍,并配备先进的设备和管理体系,以确保任务书的顺利实施。

3.在实施本任务书的过程中,教师应当运用产教融合的模式,营造具有工作氛围的学习环境,致力于提升学生的实际就业技能,为他们未来的职业发展打下坚实的基础。

针对项目课程的独特特点,笔者提出以下几个方面的建议,以确保任务书的有效实施:

1.在教育理念方面,建议教师树立以学生为中心、以能力为核心、以专业实践为主线的教育观念。

2.在教学方法方面,建议教师摒弃学科体系下的线性教学方式,通过工作任务和项目活动,实现理论与实践的有机融合。

3.在教学行为方面,建议教师善于构思问题,创造具有挑战性的工作场景,营造积极向上的氛围,以激发学生的积极性和参与热情。

4.建议对评估方法进行改革,包括但不限于强调过程评估和多元化评估等方面。

学习情景的相关知识点

💡 知识点一　　烫发概述

一、烫发的历史

（一）烫发的起源

据传说，烫发这一传统技艺的起源可以追溯到埃及。当地女性将发丝缠绕于木棍之上，涂抹含有丰富硼砂的碱性泥浆，然后在阳光下晾干，最后将泥浆清洗干净，这样头发就会卷曲。这种方法被认为是最早的烫发技术。

（二）烫发的发展

1872年，法国理发师马鲁耶鲁发明火钳子烫发技术。1900年，英国科学家威亚尔兹·内斯拉在伦敦创造了一项革命性的技术——烫发技术，这就是现代烫发技术的雏形。他用铁棒将一排发丝卷起，施以亚硫酸氢钠等化学物质，随后通过热气铁管的加热作用，使发丝弯曲，从而维持较长的烫发时间。1906年，卡尔·奈斯勒（Karl Nessler）在伦敦首次展示了他的最新发明——烫发机，他被誉为烫发领域的奠基人。1933年，法国人发明新的烫发方法，即先通电加热烫发卡子，一放到头发上就切断电源，从而有效降低了烫伤头发的风险。这种新的烫发法很快风靡世界，成为现代美发中最流行的技术之一。后来发现，头发经过这种处理之后，会变得柔软、蓬松。在同一时间段内，美国美发师查尔斯·奈尔（Charles Naill）创造了一种无需电的烫发技术，将生石灰溶解于水中，利用其热量进行烫发，但该技术并未广泛应用。1937年，英国人杰伊·斯皮克曼（Jay Speakman）在美国开始了水烫发法。首先，他采用碱性水对头发进行软化处理，以制作出完美的发型。接着，他使用酸性溶液和碱性溶剂中和，将发型固定。换言之，这是一种化学烫发方法，也被称为"冷烫"。

（三）中国烫发的发展

在二战后，一种能够免除使用加热烘干设备的技术被传到了日本，并逐渐传播到中国。20世纪70年代，中国率先在上海等城市推广了这种技术。随着改革开放的全面推进，中式烫发开始在全国范围内广泛传播。爆炸式烫发就是其中最重要的一种。

二、烫发的原因

（1）在视觉上有发量增多的效果。

（2）对外观进行改变，以塑造出独特的形态。

（3）使发丝呈现出明显的分层结构。

（4）对发丝的纹理和生长方向进行调整。

（5）创造一个焦点。

三、烫发的原理

烫发的原理是采用化学和物理手段进
行烫发，以达到头发卷曲的效果。不同种
类的美发工具可以产生多种不同的发型。
烫发主要包括低温和高温两种方式。烫发
时，头发会在直径和形状各异的发芯上进
行物理滚动，在烫发水的作用下，大约有

烫发前　　　烫发时　　　烫发后

45%的硫链键会被裂解，从而形成单硫键。随后，发芯从蒸汽发生器内出来，在其
表面产生一层薄膜。由于发芯的直径和形态的异质性，这些独立的硫键被压缩和移
位，从而形成了大量的间隙。当烫发水以一定压力喷射出来时，头发会产生变形，
而这种变形也将影响其他部位。当第二部分中的氧化剂进入头发后，它们会在头发
内部形成一系列微小的间隙，这些间隙会逐渐扩大并影响头发的完整性。当氧化反
应停止后，发芯表面出现一层很薄的水膜，将所有单硫键封闭起来，使之不能继续
运动，而只是以一种类似于空气流动的方式向前移动。由于空隙的扩大，原有的单
硫键已经失去了原有的位置，与相邻的另一个单硫键重新组合形成了一组新的硫链
键，这导致头发的二色键角度发生了改变，头发因此永久卷曲。

裂变反应 ➡ 迫使移位 ➡ 组合新键 ➡ 位置固定

四、烫发的物理作用和化学作用

烫发是通过物理作用与化学作用使原来的头发变形、变性。

（一）物理作用

物理作用是将头发卷绕在杠子上，利用拉力使它形成一定的弯曲度，也就是给
头发施加机械力。

（二）化学作用

化学作用是利用烫发水中的化学成分使头发内部的结构重新排列，保持卷绕时
所形成的卷曲度，然后利用化学中和作用使烫发水的作用停止，并将头发的卷曲状
固定下来。

五、烫发的必备工具

（1）卷发杠（热能杠）。

（2）烫发剂（软化剂）、烫前护理液。

（3）毛巾。

（4）工具车。

（5）烫发梳、烫发纸、水壶。

（6）皮筋隔热垫。

（7）加热器、热能烫仪器。

六、烫发的类型

烫发的工具、方法和名称种类繁多，其工作原理却大同小异，烫发主要可分为以下几种：

（一）硬性烫

卷杠时，施加一定的拉力把头发紧紧地卷曲在卷发杠上，可以产生发卷弹力较强的纹理效果，适合抗拒性的发质。

（二）软性烫

卷杠时，在不施加拉力的情况下，将头发卷曲并固定（如无杠烫、定位烫），可以产生发卷较柔顺的纹理效果，适合受损的发质。

（三）热烫

把头发先软化，再卷曲在可加热的卷发杠上进行加热，最后中和定型，可以产生湿直干卷的纹理效果，但很难卷到发根，适合于高层次发型和各种发质，属于硬性烫。热烫有陶瓷烫、热能烫等。

（四）冷烫

冷烫是运用范围最广的烫发方法。先卷卷发杠，再上烫发水进行烫发，最后中和定型，可以产生湿卷干蓬的纹理效果，适合各种层次的发型和发质，可以根据要求进行硬性烫或软性烫。

💡 知识点二　　冷烫

一、烫前准备

（一）发质鉴定

在进行烫发之前，必须对头发进行全面检查，包括厚度、长度、质地、密度、分布以及头皮损伤情况，此外还需确定冷烫的温度及时间。只有在对发质进行全面评估之后，才能明确冷烫液的品类、发杠的形态和尺寸、冷烫的持续时间以及是否需要进行先期护理。常见的发质类别及说明见下表。

发质类别	说明
中性	这种头发弹性较好，容易烫卷，不易变形
油性	这种头发分泌的油脂过多，较难烫卷，烫卷后也容易变直
干性	这种头发分泌的油脂过少，易起静电，没有弹性，容易烫卷
受损	这种头发表现为多孔或是染后的头发，容易烫卷，也容易变直
抗拒	这种头发表现为粗硬，毛鳞片层数多，很难烫卷，烫后也很难变直

烫发前应检查头皮情况，如果头皮有破损或炎症，绝对不能烫发，以免损伤头皮，加重炎症。损伤的头发应经烫前处理后再烫发。另外，产前、产后以及身体虚弱时，也不应烫发。烫发的周期不应过短，一般以3～6个月1次为宜。

（二）烫发剂的选择

顾客在选择冷烫剂时，常用价格来衡量冷烫剂的好坏。事实上，冷烫剂有多种分类，适合顾客发质条件的才是好的冷烫剂。根据发质的适应性，冷烫剂可分为抗拒发质专用、一般发质专用、受损发质专用及经常烫染发质专用。按照化学成分不同，可分为传统碱性冷烫剂、酸性冷烫剂及中性冷烫剂。美发师应根据顾客不同的发质推荐其选择适合的、能达到设计所需效果的冷烫剂。

低端品牌的烫发剂侧重第一剂烫发水的作用，高端品牌的烫发剂侧重第二剂中和水的吸收，但停留时间不可超过10分钟。经常烫头发会导致头发受损，所以除应选用最适合的烫发剂外，更应注重烫前和烫后的护理，保护头发的健康。

（三）洗发

将头发用不含护发素的洗发水洗净（水温40℃为宜），注意不可用指甲抓头皮，洗干净头发即可，再用毛巾擦干。

（四）修剪

按照发型设计要求进行烫前修剪。烫发会缩短发长，所以需要对头发长度进行放量处理。头发的发量不宜大量去除，否则容易将头发烫"毛"。

（五）烫前护理

针对受损发质进行烫前护理，可降低烫发剂对头发的伤害。事实证明，烫前护理要比烫后护理更加重要。

二、卷杠操作

（一）卷发杠的选择

冷烫的成功与否与卷发杠的大小有着密切的关系。同样大小的卷发杠，由于顾客头发的结构、厚度、密度、长度有所不同，烫出的效果也会不同。一般而言，卷发杠的大小决定烫发后发型的形状。应根据头发的长度和所需要的卷度选择卷发杠，再根据需要强调或修饰的部位决定上卷的次序或方法。

（1）头发太长或太短都不易卷，10～20厘米长度的头发比较容易上卷。在操作时，卷发杠的粗细与头发长度有着密切的关系。

1）头发长度大于30厘米时，通常选用较粗的卷发杠。

2）头发长度在20～30厘米时，通常选用中号的卷发杠。

3）头发长度在10～20厘米时，通常选用较细的卷发杠。

（2）冷烫时，发卷波浪的强度、弹性与卷发杠的大小有着密切的关系，冷烫的卷曲度应由卷发杠的大小来决定。

1）富有弹性的波浪发型，选用大且粗的卷发杠。

2）微卷曲的发型，选用中号的卷发杠。

3）膨胀卷曲的发型，选用小号的卷发杠。

（二）卷杠的注意事项

（1）卷发时发片取份的标准。用梳子取相当于卷发杠长度和直径的一片头发，发片宽度为卷发杠长度，发片厚度为卷发杠直径。

（2）卷发时的提升角度。头的顶部用高角度可使头发蓬松自然，头部周边区域用中角度（正常提升90°）可降低发根支撑力而获得更自然的效果，靠近发际线的区域用小角度可减少底层的支撑力，使头发下端自然贴顺。

（3）正确包烫发纸。在卷发的过程中，使用烫发纸可以有效地包裹发尾，防止其松散，因此需要将发尾平贴在卷发杠上，以避免发尾烫焦。

（4）橡皮筋的固定位置。橡皮筋的固定位置不能压在发根，压在发根会导致发根形成压痕而变形。正确的做法是将橡皮筋固定在卷发杠的中部或顶部，再用发针固定。

包纸　　　　　　　　上杠　　　　　　　　卷杠

三、卷杠排杠方法

根据发型需要分区，再进行分片卷杠。卷发杠的外形是长方形，分片形状应与卷发杠的形状相称，挑出来的发片也应该是接近长方形的。但是由于头是圆形的，所以挑出的发片不可能都是完美的长方形，可根据情况进行适当调整。

下面介绍几种常用的标准排列组合。

（1）标准杠排列：适合短发的顾客。

正面　　　　　　　　侧面　　　　　　　　后面

（2）砌砖排列：适合头发较少的顾客。

正面　　　　　　　　　侧面　　　　　　　　　后面

（3）蛇仔排列：适合长发及发量较多的顾客。

后面　　　　　　　　　侧面

（4）皮卡路烫发：多用于短发，可调整发流的方向。

正面　　　　　　　　　侧面　　　　　　　　　后面

（5）扇形排列。

卷杠—扇形

侧面　　　　　　　　　后面

（6）S形排列：适合头发层次较低、长度中等的顾客，烫完的纹理呈现出明显的波浪形。

　　　　正面　　　　　　　　　　侧面　　　　　　　　　　后面

四、烫发操作

（一）涂放第一剂

操作前应在发际线处涂一些凡士林以保护皮肤，并在发卷四周用棉花条或毛巾护住，防止液剂滴落。一般分两次涂，用量要适中，要求涂透、涂匀，停留时间不足会造成头发没有软化、变形，

卷杠—S形

停留时间过长则会造成毛发结构松弛、多孔、无弹性。药水在头发上停留的时间为10～20分钟，时间的控制在烫发过程中是非常重要的。

为了促进主剂硫化物的渗透和吸收，第一剂的主要成分为胱氨酸或阿摩尼亚，使用这些成分可以软化和膨胀毛鳞片，从而切断45%的二硫化键，涂抹时请注意不要出现漏杠现象。

（二）卷度测试

冷烫的效果以头发是否卷曲为标准。在烫发的过程中，头发卷曲度的变化取决于第一剂药水在头发上的停留时间。因客观条件不同，在实际的操作中不采用固定的烫发时间，最好的方法是在操作过程中经常检查头发的卷曲度。

冷烫剂在 10 ～ 20 分钟的效果最佳，20 分钟以后冷烫效果变缓慢。在第一剂使用 10 ～ 15 分钟后，从顶部、侧区、后颈部各取一个发卷，松开固定橡皮筋，向后退出 2 圈，将发片向后推回，以便于后续操作。这时，可将第二剂取下，继续卷杠。若发现发片呈现明显的 S 形波纹，则可以推断第一剂药水的功效已经得到充分的发挥。若发片呈现起伏不定、质地软弱无力之态，则说明第一剂效果不佳，应将卷发杠卷起，再涂上少量第一剂，停留 3 ～ 5 分钟，采用同样的方式进行测试，直至达到要求。同时必须注意，每个区域都要测试卷度，以避免烫发卷度不均匀。若能推出明显波纹，则冷烫作用完成；若波纹不明显，有些直，则证明作用效果不足。

（三）冲洗第一剂

当第一剂的作用完成后，立即用温水进行带杠冲洗，彻底冲去发卷上的烫发水（10 分钟以上），这样可将头发中多余的碱性成分洗掉，使烫发水停止发挥作用，然后擦干发卷上的水分，以避免稀释第二剂的浓度而降低定型的效果，影响烫发的质量。

由于第一剂所含的碱性物质会使头发产生膨胀的现象，同时也会影响头发的酸碱度，使 pH 值达到 9 左右。若未冲水即上第二剂，会使头发弹性变差，并造成头发多孔的现象，烫后失去光泽。

（四）涂放第二剂

第二剂也称为中和剂，是一种酸化剂，其主要成分为钠钾、溴酸盐、过氧化氢等，使用的目的是使卷度在新的位置得到固定（定型）。如果中和剂涂不透或停留时间不足，没有起定型作用，烫卷的头发就会还原变直，造成烫发失败。中和剂停留的时间过长，会产生头发干燥、开叉、断裂，头发颜色褪色等损害发质的现象。第二剂有适当的停留时间与合理的使用量才能达到较佳的固定效果，头发才能保持较长时间的卷曲效果。通常第二剂的时间为 5 ～ 10 分钟，这一工序虽然非常简单，但十分重要。

传统涂放第二剂的方法是：在冲洗第一剂后，顾客起身回到座位，美发师用干毛巾或者吸水纸将发卷上的水分吸干，然后进行第二剂的涂放。

现代涂放第二剂的方法是：在冲洗第一剂后，顾客不必起身，直接在洗头盆内擦干头发的水分，用海绵把第二剂打起泡沫，进行全头的第二剂涂放工序。

（五）拆杠，冲水

从头发的最底层开始拆杠。拆杠后，用指尖轻抚发根，随后在自然状态下静待约 5 分钟。用温水彻底冲洗头发，无需使用洗发水，直接使用护发素进行洗发，洗后 48 小时内避免重复洗发。

五、冷烫失败的原因

冷烫失败的原因很多，一般有以下几类：

（一）头发的原因

（1）头发表皮组织紧密有序，不易受到药水的渗透。

（2）头发未经彻底清洁或附着可能妨碍冷烫液有效发挥作用的物质。

（3）由于频繁地烫、染、漂，严重影响了发质，导致毛发结构失去弹性，呈现松弛状态。

（二）烫发剂的原因

（1）冷烫剂经过长时间日晒，导致药性分解。

（2）冷烫剂未密封保存，导致药性分解。

（3）冷烫剂过期变质。

（三）操作的原因

（1）卷杠时，发片从发根到发尾没有梳理均匀。

（2）发片的提升角度不正确。

（3）发尾集中卷曲或折叠卷曲。

（4）卷杠的力度大小不均匀。

（5）选择的卷发杠大小不合适。

（6）第一剂在头发上停留的时间不足或过长。

（7）上第二剂时，因头发上水分太多而被稀释，作用减弱。

（8）第一剂和第二剂施放的顺序错误。

六、冷烫加热技巧

（一）冷烫不需要加热的原理

完成卷杠后，涂抹第一剂，然后在头部覆盖一层塑料薄膜。约 10 分钟以后，第一剂因体温而升高至 25℃。此刻，普遍情况下，发丝的卷曲效果已经达到了近乎完美的程度。如果再继续加热，就会使头发变得凌乱。对于那些头发较粗、较硬的人来说，需要延长一段时间，待温度上升至 35℃ 左右，即使是粗硬、抗拒性强的发质，也能够得到柔顺的卷曲效果。

（二）冷烫需要加热时的条件和方法

通常情况下，冷烫并不需要进行加热操作。如果环境温度低于 15℃，第一剂的加热速度将会减缓，同时第一剂中的氨与头发的接触时间也会延长，这会破坏头发中的蛋白质，从而导致烫发失败。因此，在这种情况下，可以考虑适当加热。加热时需要注意以下几个方面：

（1）确保加热过程的均匀性至关重要，通常需要使用蒸汽机、红外线烫发机或其他加热设备进行加热处理。

（2）在烫发过程中，必须精准掌握时间，一般情况下，若加热，则烫发时间应缩短一半，以避免温度过高的风险。

（3）为了避免对受损发质造成更加严重的伤害，建议采用低温加热的方式。通过加热虽然可以加强第一剂的作用，缩短与头发接触的时间，但用加热方式烫过的头发很容易变干、开叉、断裂，头发卷度也较僵硬、死板。而没有加热烫过的头发相对而言要健康许多，头发卷度也比较自然。

（三）对烫发剂进行加热的方法

冷烫时加热，除了可以利用专业仪器，也可以使用一种全新的加热方法，即对第一剂进行加热处理后再进行涂抹，这样可以增强第一剂的作用，缩短其在头发上的作用时间，同时也可减少对头发的损伤。

加热的方法是：把密封的第一剂药水瓶放在盛满开水的容器里约 10 分钟，瓶中第一剂的温度达到 40℃ 左右时，将第一剂快速涂抹到卷好的卷发杠上，并用塑料帽和干毛巾包好。

知识点三　　热能烫

一、热能烫的烫发原理

热能烫的烫发原理与传统冷烫技术不同，它采用的是一种独特的化学反应。传统冷烫是利用水或蒸汽对头发进行冷却，而热能烫则是利用热传递来实现烫发。在进行热能烫时，若先涂抹一层药剂，头发内部将会发生化学反应，导致角蛋白之间的分子键软化，连接键破坏。此时使用的定型发棒具有快速渗透和保温的作用，能够迅速改变角蛋白的形态，同时促进分子结构的变化，并通过内部加热产生红外线辐射，从而实现头发的硬化。当烫发完毕时，发胶黏着层已形成，但尚未完全固化，还需继续进行第二次热传递才能完成对毛发表面的修饰，从而达到理想的造型效果。随着时间的推移和发条内部温度的不断攀升，角蛋白的结构逐渐变得坚硬，并在物理作用下再次被牢固地固定。因此，这种方法比传统的冷烫要快得多，并且不会对人体造成伤害。由于激发了细胞的自我修复机制，经过高温烫发后，受损部位的发丝和发梢得到了有效的修复，同时发花也呈现出自然柔顺的状态。与其他传统烫发技术相比，热蒸汽定型是一种温和而有效的方法，不会损伤皮肤及头发。对于同一种发质，其持久性远胜于采用冷烫技术所带来的效果。

二、操作步骤

（1）对头发进行诊断，包括抗拒性发质、正常发质、受损发质以及严重受损发质的评估。

（2）洗净头发后，使用毛巾进行擦拭，以防止水珠滴落。最后，使用吹风机将头发吹到八九成干。

（3）针对受损或严重受损的头发，可使用氨基酸并进行5分钟的加热处理，无需进行任何冲洗操作。

（4）涂抹第一剂柔顺剂（根据发质选择合适的柔顺剂）。进行20分钟的抗拒性发质检测；对头发进行15分钟的正常护理检查；对于那些受损或严重受损的头发，必须时刻保持警觉，特别是发尾处不能过度焦黑，检查时间大约为4分钟。

（5）测试软化程度（软化程度为六七成时，弹性非常好）。

（6）对头发进行彻底冲洗后，均匀地涂抹少量护理剂，用手轻抚头发，使其平滑，然后用毛巾轻轻擦拭，直到没有一滴水滴落。对于那些梳理不够紧密的头发，使用宽齿梳进行梳理。

（7）根据设计理念，将构件划分为两类，一类是尺寸较大的小块，另一类是不允许折尾的横向杆件。确保发片卷曲度平稳，张力充足，橡皮筋不得对发片造成任何损伤。卷杠数量不超过15个。

（8）通电加热。加热（15分钟）→冷却→加热（10分钟）→冷却→头发吹干→完成。

（9）拆杠。每拆一个卷发杠，需要用夹子固定，保持发卷不乱。

（10）为了确保定型产品的均匀涂抹，可以采用电动泡沫喷枪打出泡沫，然后涂抹在发条上或用手帮助渗透，最后用喷壶装水直接喷到发条上，使其充分湿润。操作时，先将第一遍的定型剂涂在发条上及头发表面。经过7分钟的停留后，将定型剂喷洒其中，接着再停留7分钟，进行第二次定型剂的喷洒。

（11）冲洗干净。到时间后，松开夹子进行冲洗，然后均匀地涂抹第三种药剂，并在冲洗完成后停留 3 ～ 5 分钟。

（12）造型。在开始造型之前，先用一条干燥的毛巾将头发擦干，然后在发尾处涂抹少量滋养霜，以促进头发的养护。用吹风机将发根和未经过烫染处理的区域进行干燥处理。将烫发区域放在梳子上，梳成波浪形发型。将顾客的发丝向后梳起，美发师用力抓住烫发区域，让卷发自然地弹出。用吹风机对头发进行梳理，使其自然卷曲，并保持一定时间。接着，轻轻将发梢抬起，用罩式暖风将其吹干，接着使用冷风将其定型。在美发过程中，可根据不同发型调整吹风方向，采用暖风和冷风交替的方式定型，最后请顾客仰起头，待其头发干燥后，均匀涂抹一层护发霜和柔顺防静电剂。若需使用定型产品，则建议选用无重力打理的产品，以增强发尾的动感。在进行发型设计时，请注意手指的动作，利用热风将头发吹干。

三、软发的分析

为了保证热能烫的质量，必须确保初始软化的程度达到约 80%。在这个阶段内，如果能准确地把握温度和时间，就可以获得理想的成型效果。由于缺乏对软化程度的准确判断，许多美发师常常会遭遇软化程度不足或过度的情况。

拉伸头发，松开，看多久能恢复。

（1）软化 40%：在拉不动或者拉断的情况下再次拉。

（2）软化 60%：将发丝从 1 厘米逐渐拉伸至 3 厘米，待松开后 2 ～ 4 秒，头发自然恢复至 1 厘米的柔软状态。虽然可以拉动，但头发的中央区域并未发生断裂，在拉动时，中央区域会产生一种坚硬的感觉。

（3）软化 80%：在最佳状态下，将其从 1 厘米拉伸至 3 厘米，并在松开后 5 ～ 8 秒恢复至 1 厘米的状态。

（4）软化 100%：把头发由 1 厘米拉伸至 3 厘米再恢复至 1 厘米需要 10 秒以上，或头发不能恢复弹性和过于柔软，需立即冲洗干净，用护发素水疗。

测试头发的起始部位，需在首次使用后的 5 分钟内进行。将柔软且富有弹性的毛发放入一个容器中，然后在容器内注入一种特殊成分。取 5 ～ 10 根头发，将第一道产品用纸擦去，然后用手指缠绕头发并轻轻拉扯，若发现头发被扯断，则说明软化程度不足；如果每段头发都不能很好地恢复至原来状态，则说明软化失败；如果能够轻松地将其拉伸至其长度的两倍，使其具有类似于橡皮筋的弹性，并且能够自由地回弹，那么这意味着其软化过程已经成功。将这些结果记录在软化剂标签上，即可获得一个评价标准。在每个区域都采用相同的方法进行测试，且第一次涂抹是在该区域经过热熨斗烫后进行的，如果第一次涂抹用热熨斗成功软化，而第二次涂抹未能软化，则需使用水喷洒软化区域以完成软化，然后用毛巾去除第一次涂抹的药剂。

取一束由 10 根发丝编织而成的发束，以手指轻触其表面，留下一处微小的凹痕，并将其置于掌心之中。手指轻微颤动的触感表明软化已经成功，因为未出现任何明显的反弹迹象。在软化的过程中，我们必须先对顾客的头发进行检查，如果发现有超过 5 厘米的新发，我们需要先进行新发的涂抹，待其软化至约 70% 后，再进行受损头发的涂抹。另外，我们可以观察到发尖处出现凹陷或者断裂。我们需特别留意发尾，当发尾过低时，可以用一个柔软的小棉球或者是一个软棒去按摩，但最好不要用大的力量去摩擦。如果顾客有了发尾受损的情况，那么需要根据具体情况制定个性化的治疗方案。

四、热能烫失败的原因

（一）烫发不卷的原因

（1）涂抹软化剂的均匀性存在问题。

（2）由于软化时间较短，导致软化效果不好。

（3）由于选择不当，导致加热过早中断，从而影响了加热效果。

（4）第二种药剂的效果不佳。

（二）头发失去光泽的原因

（1）软化时间太长。

（2）在卷发之前，未涂抹任何保湿霜。

（3）加热时间过长，没有采取间隔加热。

（4）定型时间过长。

💡 **知识点四** 烫发设计原则

一、烫发的卷度计算

（1）如果希望在烫制后呈现宽松的内扣效果，建议选用卷曲圈数为 1 或 2 的卷发杠卷曲发丝。

（2）若想获得外翻的烫发效果，建议选用卷曲圈数为 1.5 圈或 2.5 圈的卷发杠来卷曲发丝。

（3）1.5 圈烫后的头发会呈 C 形，2 圈呈现 S 形，3 圈以上会呈现连环 S 形。

头发的长短、烫发的部位、卷发杠的粗细、卷曲圈数之间有着密切的关系。在实际的操作中，要根据头发的长短、落杠部位及所需的圈数效果来选择卷发杠的大小。要学会它们之间的计算方法，以便操作。

例 A：10 厘米长的头发用直径为 1 厘米的卷发杠，从发尾开始卷到发中是 1.5 圈，卷到发根，约是 2.5 圈（考虑发纸和头发的厚度）。

例 B：15 厘米长的头发需要蓬松自然的烫发效果，可采用直径为 1.5 厘米的卷发杠，从发根开始卷 2.5 圈（长度约是 13 厘米），留出发尾不烫。

二、角度与取份

角度与取份根据发根的膨胀度大小和发量多少来确定。

（一）角度

在烫发过程中，以不同提拉角度卷到发根，卷发杠所压的基面不同，所以效果也不同。头发越短，角度的设计效果越明显。

（1）以 0° 提升，发根不直立，效果不蓬松。

（2）以 45° 提升，发根不直立，效果不蓬松。

（3）以 90° 提升，发根直立，效果蓬松。

（4）以 135° 以上提升，发根直立，效果蓬松。

（二）取份

取份就是烫发工具横切面的大小在取发片上的体现，一般有一个取份、两个取份。

（1）一个取份。

发片厚度比较薄，容易在靠近发根处就开始有波浪，在发量较少、需要厚度时使用。

（2）两个取份。

发片厚度比较厚，距离发根较远处才开始有波浪，在发量多、不需要厚度时使用。

取份一般有以下几种形状：

（1）长方形：一般用于标准烫发，可以表现出均等卷度。

（2）方形：一般用于调整毛发方向，表现头发流动的方向或束发感的烫发，多用于定位烫、锡纸烫。

（3）三角形：一般用于不规则烫发，可以表现出不均等的卷度，适用于卷杠方向改变的情况，多用于圆形组合。

三、角度与取份设计

角度与取份设计分为正卷的角度与取份设计、反卷的角度与取份设计。

（一）正卷的角度与取份设计

正卷的角度与取份设计是指卷发杠由上至下向内卷曲的设计。

1. 低角度提升

低角度提升是指 45º 以下的发片提升角度，可以压缩头发发根的厚度。

（1）取一个取份。卷发杠落在取份外面，有压缩的发根强度，产生较小的发量。

（2）取两个取份。卷发杠落在取份外面，有最平服的发根强度，产生最小的发量。

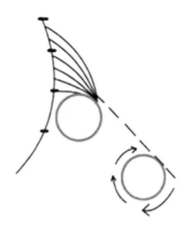

2. 中角度提升

中角度提升是指 90º 左右的发片提升角度。

（1）取一个取份。卷发杠的一半落在取份上，有较强的发根强度，产生较多的发量。

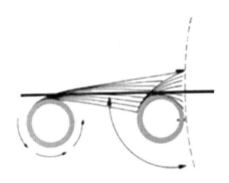

（2）取两个取份。卷发杠落在下方的取份上，由上至下有增强的发根强度和增多的发量。

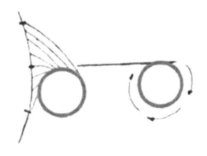

3. 高角度提升

高角度提升是指 135º 以上的发片提升角度，有膨胀和支撑头发发根的作用，增加头发的厚度。

（1）取一个取份。卷发杠落在取份上，有最大的发根强度，产生最大的发量。

（2）取两个取份。卷发杠落在上方的取份上，由下至上有逐渐增强的发根强度和增多的发量。

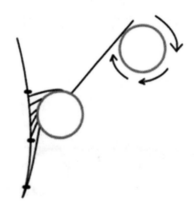

（二）反卷的角度与取份设计

反卷的角度与取份设计是指卷发杠由下至上向外卷曲的设计。

1. 低角度提升

低角度提升是指 45° 以下发片的提升角度，可以压缩发根厚度。

（1）取一个取份。卷发杠落在取份上，有压缩的发根强度，产生较小的发量。

（2）取两个取份。卷发杠落在下方取份上，由上至下有增强的发根强度和增多的发量。

2. 中角度提升

中角度提升是指 90° 左右发片的提升角度，可以提升头发发根的厚度。

（1）取一个取份。卷发杠的一半落在取份上，有最强的发根强度，产生最多的发量。

（2）取两个取份。卷发杠落在上方取份上，由下至上有增强的发根强度和增多的发量。

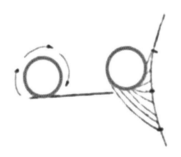

定位烫

项目五
染色造型

学习情景描述

按照美发有关知识，根据顾客染发前的发质情况正确配置染发剂与双氧乳比例，并正确涂抹，掌握染发技巧。

知识目标

1. 了解染发的基本名词；
2. 掌握染发剂与双氧乳的配比；
3. 掌握染发程序和注意事项。

技能目标

1. 能够根据顾客发质和要求，进行自然黑染发、基本色彩染发。
2. 能够正确选用染发剂与双氧乳比例，调配染发剂。
3. 能够熟练染发，做到染后发色无明显色差，色正亮丽。
4. 能够做到染发后头皮不留明显染痕。

素质目标

培养学生的色彩搭配能力。

任务：染发操作

一、染发概述

人们通过改变头发的颜色，以增加自己的风采和魅力。染发涉及颜色的调配和操作技巧，染发效果直接影响发型的质量，因此美发师不仅要熟练地掌握染发的操作技术，还要具备色彩方面的基本知识。

二、实训条件

操作前应准备的材料、设备、工具：染膏、双氧乳、洗发水、护发素、加热机 1 台、尖尾梳 1 把、水壶 1 个、发区夹 5 个、一次性手套、染碗、染刷、耳套、保鲜膜。

三、技能标准

（一）染发工艺流程

（1）接待服务。

（2）发质鉴别：用手触摸并观察顾客的头发，根据发质选择相应的染发操作方法，检查顾客的头发有无损伤，是否容易断裂，是否漂染过，染过的头发是否有金属染料遗留的痕迹。

（3）检查顾客的头皮：检查头皮是否有破损、发炎或传染病等问题，若有这些问题，不能染发。

（4）发色设计：根据顾客的肤色和自我选择来确定最终的发色。

（5）染发方法的选择：根据顾客的头发情况选择操作方法（如初次染发、两段式染发）。

（6）调配染发剂：根据顾客选的颜色搭配不同浓度的双氧乳（6%、9%、12%）。

（7）涂抹染发剂：将头发分成 4 区，从底层开始操作，每层 2 厘米左右厚度。

（8）确定染发时间：随时观察发色，灵活掌握时间。

（9）冲洗：当头发颜色达到所需的颜色时，轻轻地用温水将头发冲净，选用酸性洗发水和护发素。

（10）吹干头发：用毛巾吸走头发上多余的水分，再用吹风机吹干。

（二）染发的质量要求

（1）根据顾客的发质和要求，正确选择染发剂，进行染发。

（2）正确选用染发剂与双氧乳比例，调配染发剂。

（3）染发后发色无明显色差，色正亮丽。

（4）染发后头皮不留明显的染痕。

（5）染发的程度适合顾客的发质。

（三）重点和难点

（1）头发无色差，发色均匀。

（2）做好头皮发根处头发颜色的掌控，不能爆顶。

四、情感要求

情感要求	优	良	差
尊敬师长			
爱岗敬业			
安全操作			
协作精神			
工作效益			

五、知识标准

（1）了解自然色系的知识。

（2）掌握染发剂的基本化学知识及物理知识。

（3）掌握染发剂的种类、色彩染发的基本方法。

（4）了解染发后的护理方法。

六、评价标准

评价标准	分值	扣分	实得分
正确选择染发剂	20		
染发剂与双氧乳的配比恰当	20		

续表

评价标准	分值	扣分	实得分
发色无色差	20		
头顶无爆顶	20		
头皮无染痕	10		
头部高温区无亮发	10		

七、实训项目验收单

项目名称：染发程序	起讫时间：	班级：	姓名：
项目标准： 1. 接待服务。 2. 发质鉴别。 3. 头皮检查。 4. 发色选择。 5. 染发剂调配。 6. 涂抹染发剂。 7. 加热上色。 8. 冲洗。 9. 吹干造型。 使用工具：		学生项目自评： 小组评价： 	指导教师验收： 签名

注：指导教师验收应有评语，等级为优秀、良好、合格、不合格。

✂ 实施说明

1.实训项目任务书旨在建立一个以能力为核心、以职业实践为主体、以模块化专业教育为主线的项目课程开发体系。在本任务书中,围绕着"如何行动""确定八个具体内容"展开,简明易懂,方便操作。

2.学校致力于打造一支高素质的美发专业师资队伍,并配备先进的设备和管理体系,以确保任务书的顺利实施。

3.在实施本任务书的过程中,教师应当运用产教融合的模式,营造具有工作氛围的学习环境,致力于提升学生的实际就业技能,为他们未来的职业发展打下坚实的基础。

针对项目课程的独特特点,笔者提出以下几个方面的建议,以确保任务书的有效实施:

1.在教育理念方面,建议教师树立以学生为中心、以能力为核心、以专业实践为主线的教育观念。

2.在教学方法方面,建议教师摒弃学科体系下的线性教学方式,通过工作任务和项目活动,实现理论与实践的有机融合。

3.在教学行为方面,建议教师善于构思问题,创造具有挑战性的工作场景,营造积极向上的氛围,以激发学生的积极性和参与热情。

4.建议对评估方法进行改革,包括但不限于强调过程评估和多元化评估等方面。

拓展思考

染发对发质的要求是什么？

学习情景的相关知识点

知识点一　　染发的基础知识

一、染发的原理

将染发剂穿透角质护膜，沉积到头发皮质层中，使头发改变颜色，出现光泽。染发剂和双氧乳相融合，抹到头发上，两者发生化学反应。当双氧乳进入皮质层，头发的天然颜色就会减退。一旦头发的皮层鳞状物张开，染发剂所含的人造色素就进入皮质层，双氧乳中的氧分子到皮质层后膨胀起来，并刺激色素胀大。这样人造色素颜色就留在头发上，从而改变了头发的自然表面颜色，使头发显得更具魅力。

二、染发用品的种类和作用

（一）染发用品的种类

植物性染发剂：指甲花。

金属性染发剂：金属盐、铅、银、铜、汞等。

有机合成性染发剂：暂时性、半永久性、氧化半永久性、氧化永久性。

（二）染发用品的作用

1. 暂时性

（1）天然色素仅有染剂可供使用，而双氧乳不在此列；

（2）色素黏附于头发表皮层的鳞片之上；

（3）缺乏光泽；

（4）仅允许进行一次持续的洗发操作；

（5）并不会对头发的自然色素产生根本性的改变。

2. 半永久性

（1）仅有染发剂可供使用，而双氧乳不在此列；

（2）色素渗透在头发的鳞片缝隙中；

（3）呈现出较为显著的光泽；

（4）可持续进行 6 ～ 8 次洗发；

（5）只能染深，不能染浅；

（6）只能覆盖 30% 的白发。

3.氧化半永久性

（1）色素渗透在表皮层之下皮质层之上；

（2）光泽度强；

（3）可以持续进行 10 ～ 20 次洗发；

（4）只能染深，不能染浅；

（5）只能覆盖 50% 的白发；

（6）染发剂和低于 4% 的双氧乳配合使用。

4.氧化永久性

（1）染发剂和 6%、9%、12% 的三种双氧乳配合使用；

（2）色素完全渗透在皮质层中；

（3）光泽度极强；

（4）可以染深，也可以染浅；

（5）可以覆盖 100% 的白发。

三、发质对染发的影响

发质	对染发的影响
中性	头发根部的皮脂腺分泌出的油脂和水分恰到好处，使得头发呈现出鲜艳的色泽，且具有高度的准确性
油性	由于头发根部皮脂腺分泌的油脂和水分过多，导致头发的色泽难以达到理想状态
干性	由于头发根部皮脂腺分泌的油质和水分不足，导致头发呈现出相对较易上色的特点
受损	头发呈现出分叉、不柔顺、不服帖、多孔的特征，主要是由于表皮层出现了问题，导致毛鳞片脱落，从而极易出现上色和掉色现象
抗拒	头发呈现出粗糙而坚硬的质感，覆盖着众多的毛鳞片，因此上色过程颇为棘手

四、染发的名词解释

（1）染色。

染色是指改变头发的颜色。

（2）漂色。

漂色又称"漂发"，是将头发中的天然色素漂白使其褪色。

（3）洗色。

洗色是将头发中的人工色素进行褪除。

（4）基色。

染发剂中 1/00 到 9/00 都称为基色，是覆盖白发的必需用品。数字越小，颜色越深，基色染发剂中除了蓝黑色，不添加其他任何颜色的色调，可以染深或染浅头发。若是用在漂浅的发色上，有些会出现棕绿色。这是因为基色中的蓝色与漂浅头发上的黄色相融，就会产生棕绿色的色调。

（5）目标色。

目标色是指需要染出的颜色。

（6）原发色。

原发色又称"底色"，是染发前头发的颜色。

（7）漂染。

在一次染发过程中先后进行漂色与染色。用染发剂一次染不到的目标色，根据目标色的不同先进行提浅或漂浅后，再进行染色，以达到最佳染色效果。

（8）补色。

补色是指针对发根新生发的染色或为褪色的头发添加色调。

（9）色彩的度量。

头发的色彩深浅程度可以用色度来衡量。

（10）使用调色板。

头发所呈现的色彩，是一种视觉上的色调表现。

（11）初次染色。

初次染色是指染发的初次尝试。

（12）原生发。

原生发又称"处女发"，是指从未经过任何化学处理的头发。

（13）配色。

配色就是将两种不同颜色的染发剂加在一起所产生的颜色。

例如，染发剂 6/6 + 6/3 = 6/63，比例 2∶1；基色 6 + 4 = 5，比例 1∶1。

配色用的两种染发剂，只能用同一色度的，基色除外。

（14）调彩。

调彩，又称"加强色"，用来降低或提高染发剂的色调鲜明度，或根据颜色定律对冲其他颜色，一般有红、黄、橙、蓝、绿、紫、灰等颜色。

（15）色素重叠。

色素重叠一般会出现在头发由深染浅时。例如，刚染不久的头发重新染其他颜色，会出现颜色加深的现象。

色板上的颜色，将它们分开看，颜色是单独的，如果将两种颜色集中在一起看，就会觉得颜色变深，这就是色素重叠的作用。

（16）打底。

给漂浅 8 度以上的颜色染深，是无法一次完成的，就会用到打底，先用目标色加水涂抹头发，再进行正常的染发步骤。

（17）以色洗色。

以色洗色就是在染发结束前，利用头皮上残留的染发剂加水洗去发际周围的颜色，也称为"乳化作用"。

（18）颜色对冲。

在染发后，若对出现的色调或颜色不满意，可采用原发色调所对应的加强色，并运用对冲原理,通过颜色的相互抵消来调整头发现有的色调。在这种情况下,可使用一种新的染色方法。黄色和紫色之间存在着相互抵消的关系,红色和绿色之间存在着相互抵消的关系,蓝色和橙色之间也存在着相互抵消的关系。在这些因素共同作用下,头发会呈现出棕色的色调。

💡 知识点二 　 色彩

一、色彩的形成

色彩的形成首先要有光,其次必须有使光线进入眼睛的物体,最后必须有人的眼睛与大脑的视觉神经中枢。

色彩源于光,没有光就不会有色彩。

色彩	印象
红	最有力量的颜色,给人热情、奔放的感觉。粉红色温柔、可爱,暗红色沉静、高雅
橙	橙色不如红色强烈,但醒目的色彩传达出年轻、活泼的感觉
黄	黄色是引人注目的色彩,喜悦、轻快、易于识别
绿	绿色是大自然的颜色,令人放松、解除疲劳
蓝	蓝色是使人心绪稳定的色彩,冷峻、忧郁
紫	紫色因高贵而颇受推崇,紫色有时给人孤傲、消极的感觉。淡紫色优雅、温柔,深紫色华丽、性感
白	白色明亮、纯粹、洁净、坦诚

续表

色彩	印象
黑	黑色是最暗的颜色，较暗的色彩混合后就会无限地接近黑色，黑色是隐藏着无限发展性和可能的颜色
灰	灰色给人宁静、高雅的印象，同时还给人朴素、孤寂的感觉。灰色是无性格、无主见、具有时尚感的色彩

二、三原色

（一）三原色原理

三原色也叫一次色，包括红、黄、蓝。

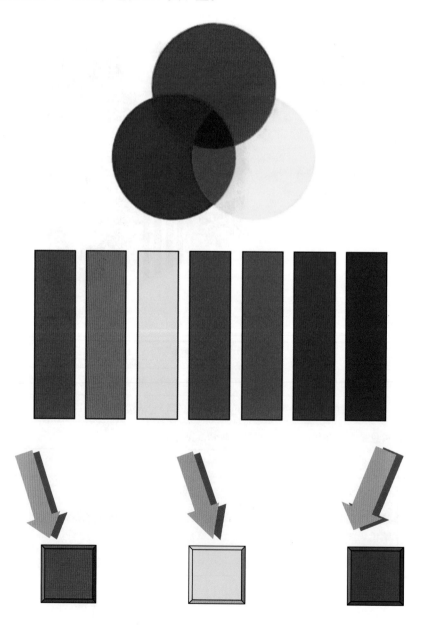

（二）二次色（橙、紫、绿）

二次色也称副色，它们都是混合两种原色而得到的，任何可想象的颜色都是由原色按照不同比例混合形成的。

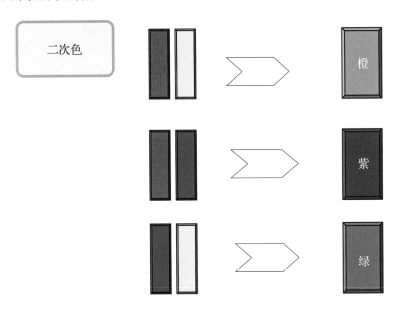

（三）复色

复色由一个主色和邻近的第二色混合而成。

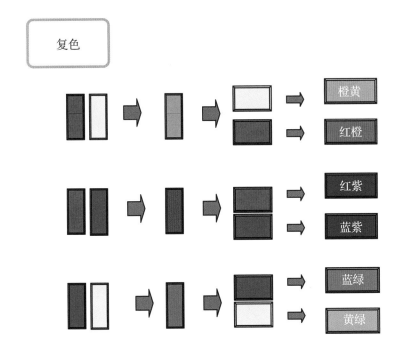

（四）色轮图

通过将原色和次色组合成一个环形，呈现出色彩之间的相互关系，按照顺时针方向，颜色会逐渐变浅。随着深度的增加，色素微粒的尺寸也逐渐扩大。

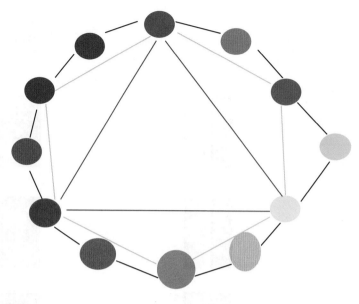

（五）对冲色—灰色

采用一种色彩来抵消另一种色彩，从而达到灰色的效果，这就是所谓的对冲术。在实践中，通常只是为了方便进行头发染色，而非真正追求灰色的效果。

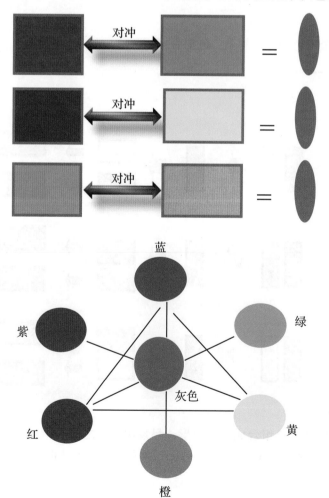

某一原色的补色为其他两种原色的混合色。色圈中两个相对应的两种颜色互为补色。

12 种色相的规律性排列

【案例】顾客原发色为 7 度的红色，需要改成 6 度的棕色。

通常情况下，顾客发色染过红色后，需要通过三原色对冲还原的原理，达到改色的目的。

以案例情况来说，顾客原发色为 7 度的红色，需要改成 6 度的棕色，这个时候如果单以 6 度的棕色直接加深的话，由于原发色中含有多余的红色素，和棕色混合后，会出现比较深的橙色。许多美发师在做红发改色时由于忽略了这一点，导致最终效果不是偏红就是偏橙，以致染发失败。所以需要在染发剂中添加绿色以对冲还原头发原本的颜色，从而得到纯正的棕色，具体操作步骤如下：

（1）以 1∶1 的比例将 6 度的棕色配以 6% 的双氧乳，再在染发剂中兑入少量的绿色添加色。

通常情况下，绿色添加色在色板中以阿青色或亚麻色添加色居多。因为在三原色的色环中绿色和红色是对冲的，两者相加之后，会得到头发原本的颜色。

（2）以一次性全染的方式为顾客涂抹染发剂，等颜色达到所需要的效果时，即可为顾客洗发。

（六）色彩的冷暖关系

蓝色，是色彩中最深沉的一种，也是唯一一种带有寒色调的原始色彩。它既不像绿色那样在寒冷中显得明亮而富有生气，又不像紫色那样在炎热时显得艳丽和耀眼。红色和黄色在它的调配下，更倾向于呈现自身的冰冷色调。

黄色，作为最浅的原色，同时也是一种温暖的色调。

黄色和红色的组合形成了美丽的橙色，这是暖色系中最为强烈的二次色。

紫色的组成中蕴含着蓝色这一最强的寒色原色，因此被归类为寒色系的二次色。

通过结合原色和二次色，可以获得三次色。如：

黄色与橙色的结合，呈现出暖色调的三次色。

红色＋橙色＝红橙色，是暖色系的三次色。

红色＋紫色＝红色／紫色，是暖色系的三次色。

蓝色＋紫色＝蓝色／紫色，是寒色系的三次色。

黄色＋绿色＝黄色／绿色，是寒色系的三次色。

寒色系的三次色中，蓝色和绿色的比例相等。

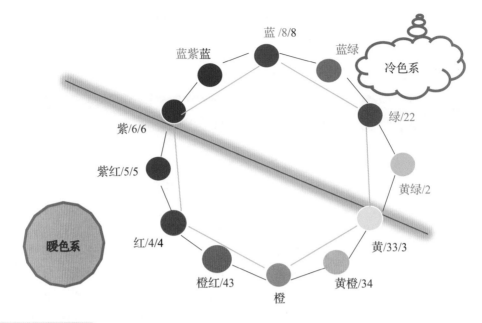

蓝/8/8

蓝紫蓝

蓝绿

冷色系

绿/22

紫/6/6

紫红/5/5

黄绿/2

暖色系

红/4/4

黄/33/3

橙红/43

黄橙/34

橙

知识点三　　色板

一、色板的作用

（1）便于深入了解该产品的特性和特点；

（2）便于与客户进行交流；

（3）便于专业学习。

在专业染发的过程中，了解头发的色度特征，可以精准地判断头发的基色，从而达到最佳的染发效果。近年来，染发设计师或技师对于发质的精准判断和分析已成为一项不可或缺的工作内容，而色板是一种高度专业化的工具。

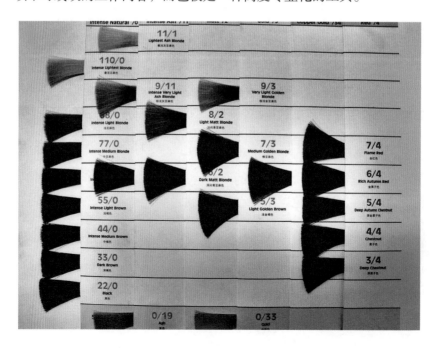

二、色板上颜色的分类

```
110/0 │ 最浅亚麻色
 99/0 │ 极浅亚麻色
 88/0 │ 浅亚麻色
 77/0 │ 中亚麻色
 66/0 │ 深亚麻色
 55/0 │ 深褐色
 44/0 │ 中褐色
 33/0 │ 深褐色
 22/0 │ 黑色
       └─────────────────────────────────────────────→
        /0   /1    /2    /3   /4   /5    /6   /7    /8
       自然色 灰色 闷青色 黄色 红色 紫红色 紫色 棕褐色 蓝色
```

对于品牌的色板而言，其色彩必定被归为三个主要类别：第一类为基色，主要用于补充色素和打底，其颜色范围从 1 到 10，共计 10 种；第二类是混和色，即把各种颜色按比例搭配在一起，这样既能体现出某种风格，又不会影响整体效果；第三类为潮流色（即目标色），通常分为灰、紫、黄、橙、红等多个系列，每个系列根据不同的色度进行区分，多为市场上备受欢迎的色彩。染发中的调理色属于第三类，即红、黄、蓝、橙、绿、紫，常被用于增强染发的色彩强度，因此也被称为增强色。

表达色彩的方法有很多种，在国际市场上占主导地位的是数字颜色编码系统。

（一）色度

头发中的黑色素含量可以通过饱和度这一指标来衡量，不同的色度会对黑色素的含量产生不同的影响。如果头发的色泽呈蓝色或白色，说明发质比较好，若头发呈暗灰色，则表明发质差。通常情况下，头发的色彩被划分为十个等级，每个等级以数字 1 到 10 的形式呈现。黑色系和浅色系均可代表发色。随着数字的减小，黑色素的含量增加，从而导致颜色逐渐加深；随着数字的增加，黑色素的含量逐渐降低，从而导致颜色变得更加浅淡。

中国人的发色通常介于 1 至 3 度，其中最为普遍的是 2 度，因此颜色 2 也被称为自然黑，而欧洲人的发色则通常介于 4 至 6 度。

（二）色调

色调指颜色的冷暖或类型，决定了一种颜色所代表的具体颜色。天空是蓝色的，草地是绿色的，花朵是红色的等，这些都代表了不同的颜色类型。不同厂商色调和数字对应关系可能不同，几个不同厂商的色调和数字对应关系如下：

国产染发剂：0（自然色）、1〔灰（蓝）色〕、2（紫色）、3（金黄色）、4（铜色）、5（枣红）、6（红色）、7〔绿色（暗红）〕、8〔蓝色（棕红）〕、9（蓝色）、10（黑蓝色）；

欧莱雅：1（灰）、2（紫）、3（黄）、4（橙）、5（枣）、6（红）、7（绿）、8（蓝）；

威娜：1（灰）、2（绿）、3（金）、4（铜）、5（红）、6（紫）、7（深棕色）、8（蓝）、9（深紫色）；

黑人头施华蔻：①灰蓝（灰紫）、②灰色、③哑绿色、④米黄色、⑤金黄色、

⑥咖啡色、⑦铜橙色、⑧红色、⑨紫色；

美奇丝：N 基色（自然色）、G 金色（黄色）、M 摩卡（巧克力偏枣红）、W 暖棕色（巧克力偏黄）、C 铜（橙色）、V 紫、R 红、A 灰色（可以做单一色，工具色）、J 冷灰色、B 棕色。

1. 色调的区分

小数点是一种间隔符号，其前的数字表示颜色的深浅，其后的数字表示颜色的冷暖。一般来说，小数点后的色码不超过 7。

主色调由小数点后的第一位所代表，而副色调则由第二位所代表。当第一位所占比例超过第二位时，表明主色调呈现出强烈的色调；当第一位与第二位所占比例相等时，象征着色彩的强化；当第一位所占比例低于第二位时，主色调呈现出一种淡化的趋势，而副色调则呈现出一种增强的趋势。

若首位为零，则表示缺乏主色调的存在。

在第二位为零的情况下，主色调呈现出强烈的色调，无需添加任何次要的色彩。

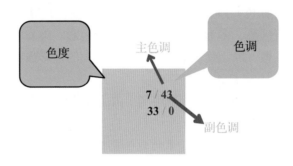

2. 色板的读法

色调——第一位大于第二位，读"略带"；

　　　　第一位等于第二位，读"加强"；

　　　　第一位小于第二位，读"偏"。

色度——读几度。

例：7.62　7 度的红色略带紫；　　6.01　6 度的灰色无主色调；

　　7.44　7 度的加强橙；　　　　7.46　7 度的橙色偏红；

　　5.30　5 度略带金色（深）　　0.00　提亮膏。

举例一：染发剂颜色色码 4.6。

4 表示颜色的色度是 4 度，即棕色；6 表示颜色的主色调为红色。

4.6 染发剂的颜色就是红棕色。

举例二：染发剂颜色色码 5.36。

5 表示颜色的色度是 5 度，即浅棕色；3 表示颜色的主色调为金黄色；6 表示颜色的副色调为红色。

5.36 染发剂的颜色就是浅红金黄棕色。

（三）工具色

调彩或加强色，是一种工具色，其特点在于每一种色调都有其独特的增强色，而非色度。

1. 工具色具有双重功效

当某一种色彩的深度不足时，添加特定的元素促进其深度和强度的提升；用来调整色调，使其呈现出近似于灰色的色调。

让色彩更为明显的方法：

（1）使用高浓度的双氧乳；

（2）染发剂中加入调配（理）色；

（3）染发剂中加入 0/00，并加入调配色；

（4）将头发先进行褪色；调彩应该少量运用，一般以染发剂挤出的长度来计算，1～9 厘米便足够，特别情况例外。要确保分量准确，彻底调和在染料中。

0/00 是一支退浅膏，不含人工色素粒子，与双氧乳结合，能退浅天然色素粒子，最高能退浅到 7 度，反应温和，易掌控，对发质的伤害小，也可以和其他染发剂结合使用，提高明度。

色号	色
0/19	灰
0/3	金
0/4	橙
0/4	红
0/6	粉
0/6	紫
0/8	蓝
0/2	绿
0/2	蓝
0/8	铜

2. 常用工具色及作用

- 0/19：增强灰色，中和暖色中的黄色和红色。
- 0/22：增强绿色，中和红色。
- 0/33：增强黄色。
- 0/88：增强蓝色，可以抵消橙色。
- 0/66：可以抵消黄色，增强紫色。
- 0/43：增强橙色。
- 0/45：增强红色。

💡 知识点四　染发技巧

一、双氧乳的作用

双氧乳具有双重氧化的作用，氧化头发内部的自然色素，氧化组合人造色素。

（1）6% 双氧（20VOL）：染深、同度染、遮盖白发、染浅天然发色 1 度。

（2）9% 双氧（30VOL）：染浅天然发色 2～3 度。

（3）12% 双氧（40VOL）：染浅天然发色 3～4 度。

二、染发的涂抹方法

（一）一次涂放

适合染深，同度染。

比例：1 份染发剂 +1 份双氧乳。

（二）二次涂放（预留发根 2 厘米）

适合染浅或漂浅。

比例：发中、发尾，1 份染发剂 +2 份双氧乳（根据不同产品会有不同比例，以说明书为准）。

发根 1+1

15 分钟

35 分钟

超长发根

35 分钟 ③

发根涂完，剩余染膏加
少许水直接涂发尾

停放 15 分钟

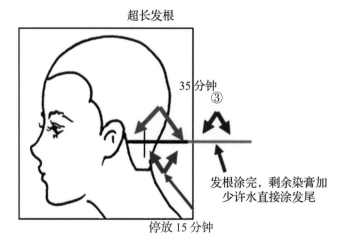

三、染发的操作程序

（一）准备

1. 咨询

工作日当天一开始就需备妥顾客记录卡以便随时取用。预约簿里记载着所有当天将来访的顾客资料，包括来访日期、服务提供者姓名、曾接受过的化学服务、任何做过的测试结果与其他备注事项等。收集好顾客在预约之前所做过的所有测试结果，若发现任何不良反应或禁忌症，切勿进行永久性的化学服务，并向顾客说明情况，可提出暂时性或半永久性的染发建议。使用染发产品时，必须遵循制造商的使用说明。

2. 工具

染发所用工具有：染发剂、双氧乳、刷子、塑料小瓶、塑料小碗、量杯、棉棒、护手套、凡士林油、锡箔纸、带孔塑料帽、发梳、夹子、毛巾、围布、染发用披肩、洗发水、护发素、计时器、记录卡。

将所有染发产品及顾客记录卡在同一地方摆放就绪。这样做的好处是：节省后续调配产品的时间，有助于美发厅进行库存管理。调配染发产品时，不要胡乱添加染色剂或显色剂，添加剂会直接影响染发的效果。

3. 给顾客披上顾客袍

必须确保在开始任何程序之前，适当地保护顾客及其衣物。大多数的美发厅都备有染发及漂色专用的"不沾色"顾客袍。这种长袍用合成纤维紧密编织而成，能防止溅上去的颜色渗透到顾客的皮肤或衣物上。在给顾客披上顾客袍时，必须闭合所有开口并绑紧带子。更重要的是，必须用塑胶围巾披在顾客的肩膀上，塑胶围巾要束紧，但又不能过紧，以便使顾客在服务过程中感觉舒适。最后，将一条染发专用的毛巾绕肩铺在塑胶围巾上。

4. 座椅的位置

需用塑胶椅套套住椅背。若没有塑胶椅套，则可将干净的毛巾横铺在椅背上，并可用大发夹把毛巾两端固定在椅子上。请顾客坐着时，背部平贴后方的椅背。

5. 工具车

应将染发所需的一切器材置于工具车上，并将工具车推至合适的位置。此外，应将符合顾客头发长度的挑染专用锡纸、发梳、大发夹等工具进行清洗、消毒。

6. 个人准备

个人卫生及安全也非常重要。应以全程谨慎的态度进行事前的准备工作，在处理危险性化学物质时，必须小心。穿上干净的染发围布，绑紧并系结，戴上一次性塑胶手套。

（二）操作程序

1. 安置顾客

给顾客围好围布，披上披肩或毛巾，目的在于遮盖和保护顾客的衣服。将凡士林油涂抹于顾客发际线周围，以防漂发剂碰到皮肤，

染发

使皮肤受到损伤。

2. 分析发质和检查头皮

检查顾客的头发有无损伤，是否容易断裂，是否漂染过，染过的头发是否有金属染料遗留痕迹；检查头皮是否有破损、发炎或传染病等问题，若有这些问题则不可染发。这些检查非常重要，可以减少染发过程中出现的不必要的麻烦。

3. 做药剂与皮肤的接触试验

这是为了检查顾客的皮肤对漂发剂是否有过敏反应。可以将少量调配好的漂发剂涂在顾客耳后或手肘内侧，如果出现不适症状，说明顾客对药剂有过敏反应，不可以进行染发，反之则可以进行。

4. 做小束染发的试验

做此试验的目的是预先测试头发染色的效果，确定头发变色的时间、染发的浓度及头发的承受能力等。测试的方法是在顾客的头发内侧取一小束头发，涂抹上染发剂，随时间的变化，观察发色和发质的变化，根据情况，调整染发剂的配比。

5. 发色的设计

根据顾客的喜好和原发色，选择适合顾客并能够达到目标色的染发剂。

6. 染发的方法选择

根据对顾客头发原有条件的分析和判断，确定染发方法，是选择一次涂放或二次涂放，还是分段涂抹。

7. 调配染发剂

根据判断选择不同的双氧乳和调配比例。不同的产品中，调配比例会有所不同，以说明书为准。

8. 施加染发剂

头发分区，逐层、逐区涂抹，每层涂放均匀；涂放后发区，后发区逐层涂抹，保证每束发片与发根之间有空隙；侧发区逐层涂放；自然停放35分钟，染后补发根，补发根方法与上述方法相同；涂放完毕，将发根自然停放15分钟。

9. 洗发

冲水后，采用以色洗色的方法消除染发剂，染后使用酸性洗发水和护发素进行护发处理。

10. 吹干头发

用吹风机吹干头发，并检查头皮和头发。

（三）锡箔纸包裹染色技巧

锡箔纸用于充分发挥染色和漂浅功能，也用于挑染或片染的颜色隔离。将头发分成若干片薄薄的发片，放在锡箔纸上，从发根涂抹染发剂至发梢，再用锡箔纸将头发完全包裹住，统一加热。

全染（全漂）锡箔纸包裹方法如下图所示。

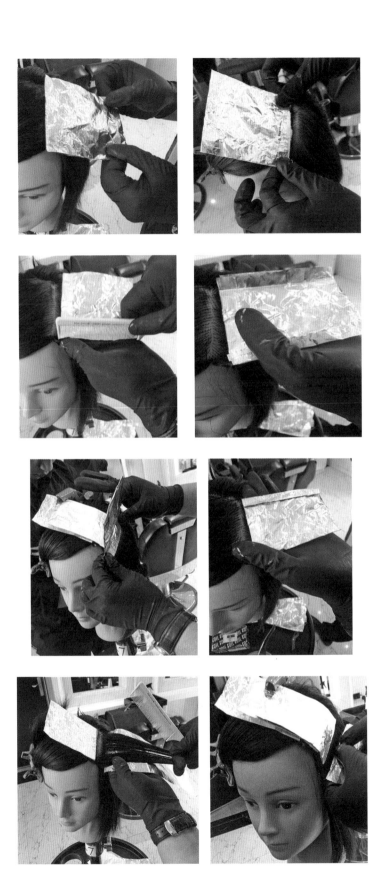

挑染（挑漂）锡箔纸包裹方法如下图所示。

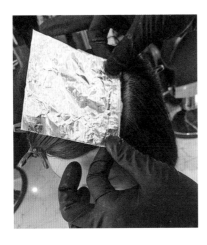

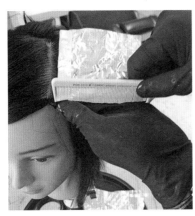

四、白发遮盖

（一）白发的特性

普通染发剂（合成染发剂）中的色素停留在头发内部的黑色素色素体中，这意味着即使头发表面的颜色被洗掉，头发内部的颜色仍然存在，因此从视觉上看，染过的颜色似乎仍然停留在头发上，呈现出一种持久的色彩。

然而，使用合成染发剂染发时，由于颜色会黏附在头发外层的毛鳞片上，而白发内部则缺乏色素体以长期固定色素，因此色素只能在头发内部短暂停留。使用发根营养液能提高头发对色素的吸收能力。由于每天洗头发时，洗发水会冲刷掉头发外层的色彩，无法有效地保留色素。因此，在使用合成染发剂染发后，尽管第一束头发可能会呈现出染色效果，但经过多次洗发后，白发区域仍然保持着灰色的色泽。因为在染发过程中产生了大量的活性氧自由基，在白发的外层会覆盖着一层密集而微小的毛鳞片。

　　在染发过程中，染发剂的碱性导致毛鳞片张开，然而，由于白发的毛鳞片密集而微小，即使颜色渗入头发内部，渗入面积也相对较小，因此颜色的黏附程度受到一定限制。

　　头发染色后，其颜色不仅附着于黑色素内部，还会附着在头发外层的毛鳞片上，形成真实的颜色。头发外层的毛鳞片光滑，难以附着颜色，因此使用洗发水是一种有效的清洗方法。

　　这几个特性表明，白发的外表只能呈现出一种特定的色调，因为白发内部缺乏可以长时间吸收色素的黑色素体。总的来看，使用合成染发剂染白发是不合理的，这种做法一直困扰着许多美发师，因为顾客并没有充分认识到自己头上有白发，坚持要求使用合成染发剂染白发。

　　当然，有多种方法可以使头发呈现出雪白的色泽，如"底色打底法""加底色法""过氧化物打底法""加黑油法""褪色法"等，但每一种方法都存在着一些局限性和缺陷，至今仍未找到一种绝对的白发染法。

（二）遮盖白发的方法

　　染发剂在遮盖白发方面，只要采用的方法适当，就有着极佳的效果。

　　（1）必须使用6%的双氧乳。在所有的双氧乳中，仅有6%的双氧乳能完全遮盖白发。有些美发厅为了追求目标色效果，常常采用高浓度的双氧乳，但这种做法会导致白发未被完全覆盖。

　　（2）为了使白发达到饱和状态，染发剂的用量必须充足，因为白发本身不含色素，因此需要用充足的色素离子进行渗透。在这个过程中需要一定的时间和温度等条件，如果不注意这些因素，就会使染发剂变黄或变暗。

　　（3）充分的氧化时间是必要的，因为如果氧化时间不足，就会导致色彩大量褪变。只有在充足的时间内，才能实现充分的氧化反应，从而确保色素的组合牢固可靠。在遮盖白发的过程中，需要进行至少20分钟的加热处理，停放时间应不少于40分钟。

　　（4）调配比例：1份染发剂+1份6%的双氧乳。

　　（5）先从白发最多的地方开始施放。

（三）遮盖白发产品配比

1. 一般白发覆盖

　　（1）少于30%：目标色1份；6%双氧乳1份。

　　（2）30%～50%：目标色2份；目标色基色1份；6%双氧乳3份。

（3）50% 以上：目标色 1 份；目标色基色 1 份；6% 双氧乳 2 份。

预先上色技巧：比目标色基色浅 1 度到 2 度的基色 1 份 + 水 1 份；涂抹在白发集中的部位，自然停放 15 分钟；不用洗发，再用正常方法遮盖白发。

五、特殊染发技巧

沐浴染是一种特殊的染发技巧，适用于受损严重的发质。

（1）调配：1 份染发剂 +1 份 9% 的双氧乳 +1 份水。

（2）性质：这样调配出来的染发剂是氧化半永久性的。

（3）特点：只可以染深，不可以染浅；只能覆盖 50% 的白发。

（4）适用范围：适合受损严重的发质和多孔性发质；漂后头发进行柔色处理；掉色后的头发色调重现。

色中色就是 0/0 或 110/0 的使用。0/0 或 110/0 是一种特殊的染发剂，它具有染浅人造色素 1 ~ 2 度的能力，适用于挑染、修正发色、颜色调配，尤其适合增加棕韵色系染发剂的透明度。

建议比例：棕韵色系 +110/0=2+1 或 1+1。

案例 1：如果顾客染过 3 ～ 5 度潮流人造色素，需再染浅 1 ～ 2 度。

调配方法：发中发尾　　110/0　+　12% 双氧乳

　　　　　　　　　　　1　+　2

　　　　　　发根　　　110/0　+　4% 双氧乳

　　　　　　　　　　　1　+　1

案例 2：如果顾客染过 6 度以上的潮流人造色素，需再染浅 1 ～ 2 度。

调配方法：发中发尾　110/0　+　9% 双氧乳

　　　　　　　　　　1　+　2

　　　　　　发根　　110/0　+　3% 双氧乳

　　　　　　　　　　1　+　1

备注：

1 份 6% 的双氧乳　+　0.5 份水 = 4% 双氧乳；

1 份 6% 的双氧乳　+　1 份水 = 3% 双氧乳。

六、发色的选择

对于那些拥有白皙肌肤的人，几乎所有的色彩都是理想的选择，但是如果发色过于浅淡，就会让他们的面容显得苍白无力，而如果染成棕色、黑色、酒红色或蓝色，则会散发出一种干练、成熟的气息。

对于那些肤色微红的人，染红色、酒红色或其他暖色调的头发并不是一个理想选择。肤色较白的人更容易染出黑色；皮肤较黑的不适合将头发染成黑色，适合染成深紫色、深棕色、冷墨绿色或暗金黄色。

对于那些肤色偏黑的人，建议采用浅色调来营造出更加柔和的效果。因为浅色调比深色调更容易着色。为了达到更好的染色效果，建议选择浅咖啡色，这种染色效果更佳。

对于黄色肤色的人，千万不要用黄色或橙色系列的颜色，因为这两种色彩有较强的刺激作用，建议使用酒红色、蓝黑色和深棕色的染料，蓝绿色和浅橄榄色挑染也是理想选择。

（二）个性

对于性格内向、寡言少语的人，最好选择与自然发色相似的发色，例如蓝黑、棕褐、暗红，以展现出一种内敛的气质。

如果是对新事物充满好奇的人，那么可以选择鲜艳、充满活力的颜色，比如葡萄红、浅紫色、蓝色和金色，它们会让个性显得更加外向。紫色和蓝色等非传统色彩也很有优势，它们能够避免过度夸张。

（三）职业

对于公司职员、教师或从事其他相对保守的职业的人来说，适合选择更为保守的色彩，例如那些与发色相近的深棕色、深栗色或蓝紫色。浅色则会让人感觉比较活泼、轻松，适合具有创造性的职业。

七、染发的问题分析

（一）染后的发色略有褪色现象

原因：

（1）洗发过于频繁，并使用了碱性强的洗发水。

（2）染发之后进行了烫发。

（3）过度的太阳光、紫外线照射。

（4）染发后清洗不彻底，头发上仍有化学残余物。

（5）染发剂在头发上停放的时间过短。

（6）吹发时常选用高温高速挡。

（二）补染后，出现着色不均匀现象

原因：

（1）涂放染发剂有薄有厚。

（2）没有做均衡发色处理。

（3）染发剂的颜色选择与原发色差异过大。

（三）没有达到理想目标色

原因：

（1）选择的双氧乳浓度不正确。

（2）涂放染发剂量不足。

（3）染发剂在头发上停放时间太短。

（四）顾客要求染浅，发根已达到目标色，而发梢没有达到目标色

原因：

操作不正确，染浅分为两步进行。

（五）染发注意事项

（1）染发后最好三天之后再洗发，这样头发中的色素粒子不容易流失。

（2）向顾客推荐家用护发产品，如染后香波和染后焗油等，它们是为染后保养精心研制的，使用它们可使染发色泽艳丽，起到固色作用。

漂染

整头漂染

项目六
剪发技术

✂ **学习情景描述**

按照美发师岗位的有关知识进行剪发操作。

✂ **知识目标**

1. 了解女士短发修剪工艺流程。
2. 掌握提拉角度和改变修剪层次之间的关系。
3. 掌握修剪的基础知识。

✂ **技能目标**

1. 能熟练运用各种层次组合技法进行发式修剪。
2. 修剪出的发式的几何形状轮廓明显,层次衔接自然,厚薄、色调均匀。
3. 能发现修剪中的技术问题,并能进行修整。

✂ **素质目标**

提升学生对轮廓、纹理、线条等发型的审美。

任务：女士短发操作

一、女士短发的修剪与造型要求

了解女士短发的修剪方法与吹风造型的技巧，不同短发具有不同风格的创意。

二、实训条件

操作前应准备的材料、设备、工具为：女士模头、发胶、发油、模头支架、剪刀、牙剪、发区夹、剪发梳、水壶、九排梳、滚梳。

三、技能标准

（一）女士短发修剪工艺流程

（1）全头五分区。

（2）将刘海区的发际线分割成一条弧形线条，并采用深度剪茸的方式进行修剪。

（3）对头发进行纵向分区，将其分为左右两部分，并进行可移动的挑剪操作。

（4）完成一次修剪后，以枕骨为分界线，将头发分为上下两部分，运用深度剪茸的手法对发尾的重量和形态进行微调。

（5）最后，用剪刀进行内部分层，对尾部的重量和形态进行调整，以达到最佳效果。

（二）女士短发的质量要求

（1）边缘轮廓清晰。

（2）以轻盈的层次为基础，采用发尾连接的方式。

（3）发丝层次分明，呈现出清晰有序的结构。

（4）发丝的纹理在方向上呈现出优美的流畅感。

（5）发型重量线明显。

（三）重点和难点

（1）边缘轮廓清晰。

（2）发型有层次，纹理要流畅。

四、情感要求

情感要求	优	良	差
尊敬师长			
爱岗敬业			
安全操作			
协作精神			
工作效益			

五、知识标准

（1）认识与使用剪发工具。

（2）掌握剪发的基本概念和专业修剪方法的知识。

（3）掌握基本修剪的技法与层次修剪的知识。

六、评价标准

评价标准	分值	扣分	实得分
头发修剪符合需求	10		
层次分明	10		
边缘轮廓清晰	20		
头发顺畅	20		
头发厚薄均匀	20		
层次结构紧密	20		

七、实训项目验收单

项目名称：冷烫程序	起讫时间：	班级：	姓名：
项目标准： 1. 发型线条流畅。 2. 边缘轮廓清晰。 3. 头发顺畅。 4. 层次结构紧密。 5. 头发平整光滑。 6. 头发纹理清晰，厚薄均匀。 7. 吹风造型。		学生项目自评：	
		小组评价：	指导教师验收：
使用工具：			签名

注：指导教师验收应有评语，等级为优秀、良好、合格、不合格。

✂ 实施说明

1. 实训项目任务书旨在建立一个以能力为核心、以职业实践为主体、以模块化专业教育为主线的项目课程开发体系。在本任务书中，围绕着"如何行动""确定八个具体内容"等展开，简明易懂，方便操作。

2. 学校打造一支高素质的美发专业师资队伍，并配备先进的设备和管理体系，以确保任务书的顺利实施。

3. 在实施本任务书的过程中，教师应当运用产教融合的模式，营造具有工作氛围的学习环境，致力于提升学生的实际就业技能，为他们未来的职业发展打下坚实的基础。

针对项目课程的独特特点，笔者提出了以下几个方面的建议，以确保任务书的有效实施：

1. 在教育理念方面，建议教师树立以学生为中心、以能力为核心、以专业实践为主线的教育观念。

2. 在教学方法方面，建议教师摒弃学科体系下的线性教学方式，通过工作任务和项目活动，实现理论与实践的有机融合。

3. 在教学行为方面，建议教师善于构思问题，创造具有挑战性的工作场景，营造积极向上的氛围，以激发学生的积极性和参与热情。

4. 建议对评估方法进行改革，包括但不限于强调过程评估和多元化评估等方面。

拓展思考

发型与美学的关系是什么？

学习情景的相关知识点

知识点一　　修剪工具和设备

一、剪发梳

剪发梳分宽齿部分和密齿部分。

（一）宽齿部分

由于齿距较宽，宽齿输出的发片没有太大的拉力，因此可以在自然状态下修剪头发，多用于分区和外线修剪及疏通。

（二）密齿部分

由于齿距较密，密齿部分梳出的发片有拉力，因此可以在绷直状态下修剪头发，多用于层次结构的修剪。

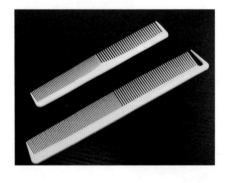

二、剪刀

（一）平口剪

平口剪是修剪的主要工具，用于调节发长，长度一般有 5 寸、5 寸半、6 寸、6 寸半、7 寸、8 寸（1 寸 ≈ 3.33 厘米）。

使用方法：用右手拇指和无名指分别套入剪刀的可动柄和不动柄的圆环内，四指不动拇指动，四指控制的为静杆，拇指控制的为动杆。

（二）牙剪（打薄剪）

牙剪（打薄剪）一般分为单面剪和双面剪，主要用于调整发量，减小头发体积，使头发呈现出层次，创造动感。

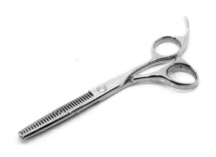

（三）推剪

推剪分手推剪、电推剪两种，是扎断头发、制造色调和层次的主要工具。

1. 全齿推（满推）

用推子和梳子配合，剪齿和头发全面接触，能剪去大面积的头发，一般适用于推剪两鬓和后脑正中部分的头发。

2. 半齿推（半推）

用局部推齿推剪头发，去除小面积的头发，适用于耳朵周围及起伏不平的头发。

3. 反齿推（雕推）

操作时掌心向上朝外，机身向下及剪齿向下滑动，主要用来修饰轮廓。

三、削刀和剃刀

（一）削刀

用于打薄头发、柔和发尾。

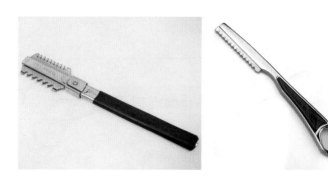

（二）剃刀

用于剃须、刮脸。

四、其他工具

（1）尖尾梳。

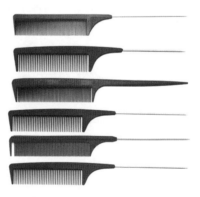

（2）排骨梳。

（3）发夹。

（4）水壶。

💡 知识点二　　　修剪的基础知识

一、修剪技法

（一）夹剪

夹剪是指用手指固定发片进行修剪，用于修剪层次结构和长度，是各种修剪的基础。夹剪有指内夹剪和指外夹剪两种方法。

1. 指内夹剪

指内夹剪是指修剪头发时，提取的发片在手掌内侧，适用于对周边区域头发进行修剪。

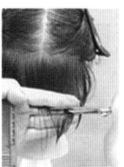

2. 指外夹剪

指外夹剪是指修剪头发时，提取的发片在手背外侧，适用于对头顶区域的头发进行修剪。

（二）压剪

压剪多用于外线堆积或内部堆积层次的修剪，用来确定干净整齐的外线。

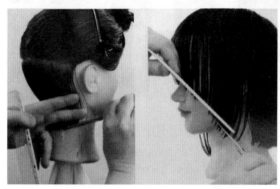

手指压剪　　　　　　　　梳子压剪

（三）平剪

平剪是最常用的剪发技巧，剪切口平整、有重量感，切线形状十分明显，发尾形态表现十分刚硬。平剪配合手位的变化可以控制发型的层次结构。

（四）滑剪

滑剪是移动剪刀修剪的方式，在发片上进行长距离的剪切。剪刀呈张开状态，在发片上慢慢闭合的同时移动修剪。

（五）削剪

削剪是采用固定发片的方式，用剪刀削滑的方式剪去头发，可以在确定发长的同时除去发尾重量，修剪的切口柔和，没有过多重量，具有很强的融合性，会让发尾区域呈现柔和的连接感。

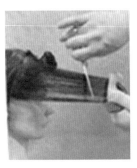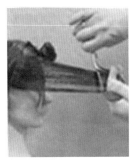

（六）推剪

推剪一般用于剪短发际线周边的头发。用固定修剪的方式推剪出来的色调一般可分为光色调和毛色调两种。

1. 光色调

发尾平整时的色调，适合皮肤黑、长相刚强、体形魁梧的人。

2. 毛色调

发尾毛糙时的色调，适合皮肤白净、长相文雅、清秀的人。

（七）点剪

点剪是一种可以减轻发尾重量、柔和发尾形态、减少发量和减小头发密度的修剪技巧。在发丝的不同部位点剪，会产生不同的效果。

1. 在发尾点剪

运用固定发片的方式，剪刀平行于发片进行点剪，可以减轻发尾的重量，使发尾更加柔和。

2. 在发中点剪

运用固定发片的方式在发中点剪，可以增加头发的动感和膨胀感，不能运用在短发和头缝两侧。

3. 在发根点剪

运用固定发片的方式在发根点剪，可以直接减小头发密度，一般情况下头发厚、需要打薄的部位要多剪，头发少的部位要少剪，不能运用在短发和头缝两侧。

在发尾点剪　　　　　　　在发中点剪　　　　　　　在发根点剪

二、头部位置

头部位置是剪发时顾客头部前后的位置。修剪时，顾客头部的位置可能影响修剪的效果，因此要注意顾客的头部位置。

（一）直立头位

直立头位剪发可获得对称的效果，是修剪时最常用的头部位置，这需要顾客的双手和双腿不能交叉，以保证头位的直立。

（二）前倾头位

为了得到外线的整齐切线，在修剪后颈处头发时，往往让顾客采用前倾头位。这样在头位恢复直立时，就容易得到平整的外形切线。

（三）低倾头位

在修剪两侧的外形时，为了尽量达到对称，往往让顾客采用比前倾更低的头位，在低倾头位修剪出水平线，在头位恢复直立时就成了后倾斜的线条。

（四）后仰头位

（1）在进行男士头发修剪时，在推剪后颈部色调时常用略微后仰的头位。

（2）在后仰头位时修剪外线堆积层次，在直立头位时就会成为外部堆积层次。

（3）在修剪后斜线内部堆积时，后仰头位方便修剪干净两侧内部的头发，在直立头位时就会形成内部堆积层次。

（五）侧倾头位

在修剪两侧外线轮廓时，为了方便修剪，可以让顾客把头侧向左边或右边，进行内侧修剪或者外侧修剪。

（六）侧转头位

在修剪两侧齐肩的外形底线轮廓时，为了方便修剪，可以让顾客把头转向一边，进行前侧或者后侧的修剪。

三、站位

在修剪发型和吹风时，站位是很容易被忽视的一个重要环节。无论是分区还是修剪，不稳定和不正确的站位会直接或间接影响发型最终的效果。站位分固定站位和活动站位。

（一）固定站位

剪发时，操作者的站位固定，便于头发横向层次的呈现。

（二）活动站位

剪发时，操作者的站位随着发片的移动而动，便于头发的横向层次结构表现出相同的长度和层次结构。

四、提升角度

提升角度是指提拉发片与头皮间所构成的角度。

（一）零度提升

头发自然垂落（包括向内），属于零度提升，多用于内部堆积和外线堆积层次的修剪。

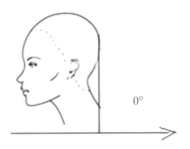

（二）正常提升

正常提升是指头发与头皮上下的提升角度和左右的摆动角度都是相同的 90°，多用于高角度外部堆积、平行去除和不平行去除层次的修剪。

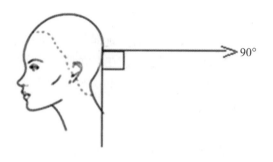

（三）低角度提升

　　头发零度提升与正常提升之间的提升，都属于低角度提升，多用于外部堆积层次的修剪。

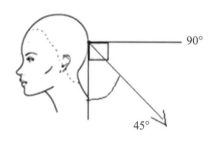

（四）高角度提升

　　头发正常提升以上大范围的提升，都属于高角度提升，多用于不平行去除层次的修剪。

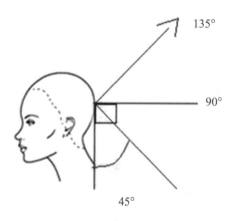

知识点三　　线条及手位

一、线条

　　分线条控制我们修剪层次的外线流向和长短排列以及发型的轮廓效果。

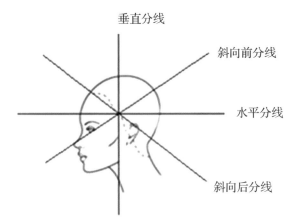

（1）水平分线。

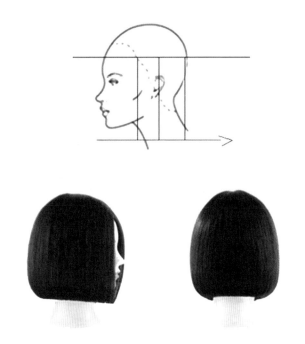

（2）斜向后分线。

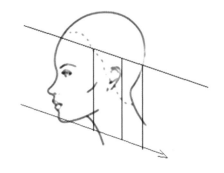

（3）斜向前分线。

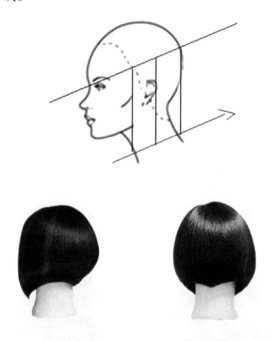

二、手位

手位是修剪时，控制头发修剪长度的指位，分横向手位和纵向手位两种。

（一）横向手位

横向手位是指在修剪时横向取份，它控制头发的外线轮廓和层次流向，层次的高低由发片提拉角度决定。通过取分线条可分水平指位、斜向前指位、斜向后指位。

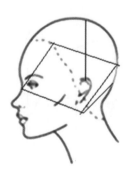

斜向后指位

（二）纵向手位

纵向手位可分内切手位、平切手位和外切手位。

（1）内切手位（上长下短）。

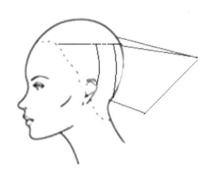

（2）平切手位（上下相等）。

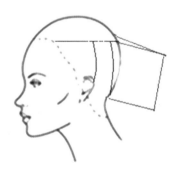

（3）外切手位（上短下长）。

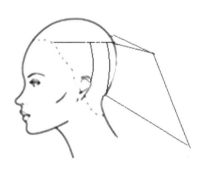

可以看出，纵向手位是指在修剪时纵向在头部取份，它控制头发的层次结构，通过靠位的方式可实现层次流向的长短排列。

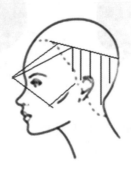

靠位修剪是指 2 以 1 为标注向 1 倾靠进行修剪，3 靠 2，4 靠 3，以此类推，修剪出前短后长的层次排列。

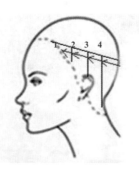

知识点四　　层次和形状解析

一、层次解析

所谓层次，通俗来讲就是头发长短在头皮上的安排，传统层次结构的分类和标准，都是以头发上下的长短、在头皮上的安排为考量的。

（一）齐线条 0° 修剪（A LINES 0）

齐线条 0° 修剪是指外层头发与内层头发自然下垂，长短相同，没有长短排列。

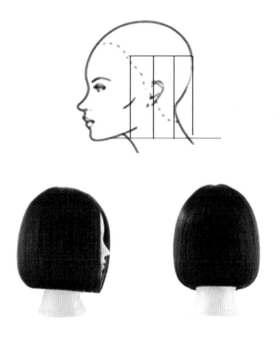

（二）堆积重量（GRADUATION）/ 渐层

堆积重量 / 渐层是逐渐建立起来的重量，堆积重量是由提拉角度的高低决定，在头骨和脸型的凹陷处建立的，可利用大于 0° 小于 90° 的角度提拉或内切手位修剪出来。堆积可分为外部堆积和内部堆积。

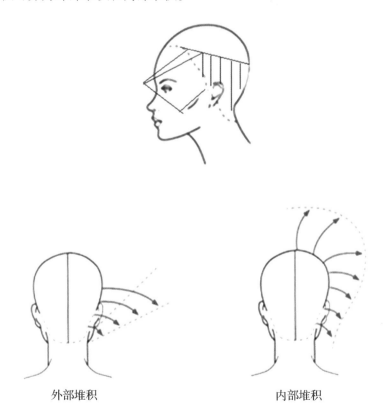

外部堆积　　　　　　　　　　内部堆积

（三）去除重量（LAYERS）

去除重量可柔和脸型棱角的位置，修饰颈部较弱的线条，并修饰头型隆起的位置，可通过提升 90° 及以上的角度提拉来实现。去除重量可创造动感和层次感。

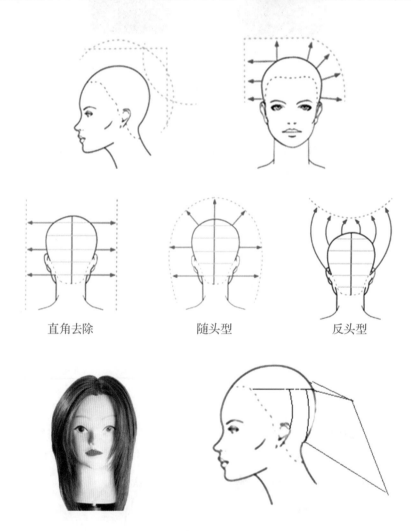

直角去除　　　　　随头型　　　　　反头型

二、形状解析

（一）方形

为了弥补头型过于圆润的转角，侧面的长度和后面的长度要相等，一个有角的形状用于平衡头部内侧的圆形。

为了达到头型曲线圆形的几何形状平衡，头发不仅需要向上带，还需要向后拉离头发自然垂落方向，并形成一个角，从而形成一个三维空间内的方形，其重量比例是均衡的，在转角时往往会产生角感。

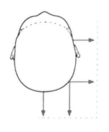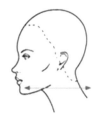

方形与技术的关系

堆积重量的方形面、齐长的方形线和去除的方形面都是美发中的方形概念。

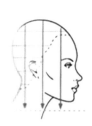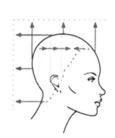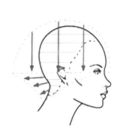

（二）圆形

圆形是从前面降低至后面的流畅形状，用于修饰变平的位置，在脑后部分建立饱满度或远离脸部拉宽脸型。

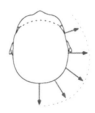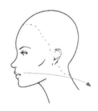

圆形是一种流线型的圆弧形状，其长度和重量随着头部形状的变化而增加，尤其是在外线形状方面，通常出现在堆积的圆形和 LINES 的圆形区域。由于这种类型的头发有一定程度的下垂效果，所以我们可以将它称为"悬垂"式发型。圆形的内部结构呈现出拳头状等长的形态，所有的头发都是一种长度，而堆积的圆形则是通

141

过向前拉离头发自然垂落的方向来实现的。

下圆是一个平行头部曲线的形状，完成后整体会有向外的蓬松感，增加四周的膨胀度，常用于短发设计或组合设计。

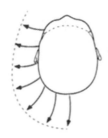 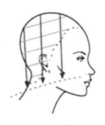

重量堆积的圆形、齐长的圆形和去除重量的圆形（随头型）都是美发中的圆形概念。

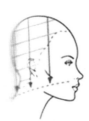  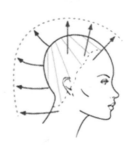

（三）三角形

三角形用来建立脸部饱满度，变平后脑，并收窄脸型。可以从侧面判断形状，形状为从后侧逐渐向前侧下降。

三角形的形状是前面逐渐变得越长越重的现象，整体形成一个前长后短的三角形，这样的形状主要靠的是发型师在提拉修剪时所带的位置，这种形状通过向后拉离头发自然垂落的方向来实现。

 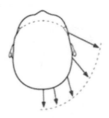 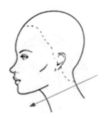

在修剪的过程中可以分为三种不同的结构形体：（1）自然三角动感；（2）强烈三角动感；（3）过渡连接的三角动感。因为我们的头型是一个不规则的圆形，所以在修剪的时候，层次会比较大，形成一个凹面的形状，专业上称为"concave"，故

而说在不同的位置会创造不同的重量结构。

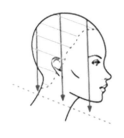 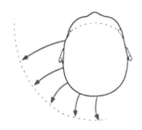

重量堆积的三角形、齐长的三角形和去除重量的三角形（反头型）都是美发中的三角形概念。

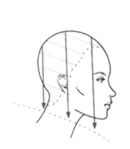 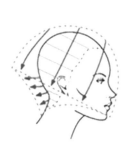 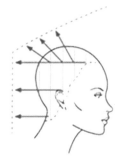

💡 知识点五　　科学分区和角度分析

一、科学分区

很多美发师只是在单一地分区，没有考虑到每个区域的重要性，也没有分析分区与最终效果有什么重要关系，没有注重科学地分区，所以会导致发型创作不成功。分区是决定发型方向的关键因素，分区应大小适中，控制拉离发片的自然垂落方向和引导线。分区同样也反映发型的几何外形。发型的分区应和最终发型的外形保持平衡。采用剪发技术时切口的方向要永远平行于分区线，分区应保持一致的大小厚薄，以能看清引导线为准。

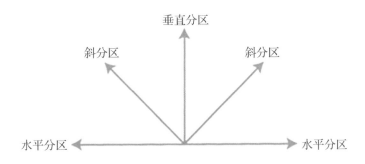

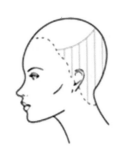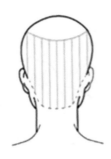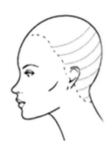

（一）垂直分区

垂直分区的作用有：

（1）帮助去除重量。

（2）创造较平的垂直空间。

（3）创造较圆的水平空间。

（二）水平分区

水平分区的作用有：

（1）帮助建立重量。

（2）创造较圆的垂直空间。

（3）创造较平的水平空间。

（三）斜分区

斜分区既可以建立重量也可以去除重量，取决于斜分区是偏垂直还是偏水平的，重量随头型的弧度，呈现一种圆润的感觉。推动重量沿着分区的角度移动，重量向低点倾斜，起到短推长的作用。

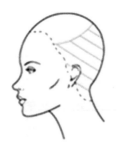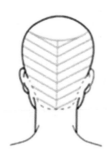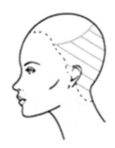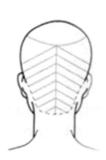

二、美发中的角度分析

用手或梳子将头发提拉，每个发片都会与头皮形成夹角，夹角的大小就是角度，不同的角度会形成不同的效果，去除不同的重量。其实在美发中，角度是没有固定统一的说法的，因为我们的头型都不是固定的，高低不平，凹凸不均，实际在修剪时采用的角度大小很难确定，没有统一标准，只能靠美发师去感受，才能得到想要的效果。

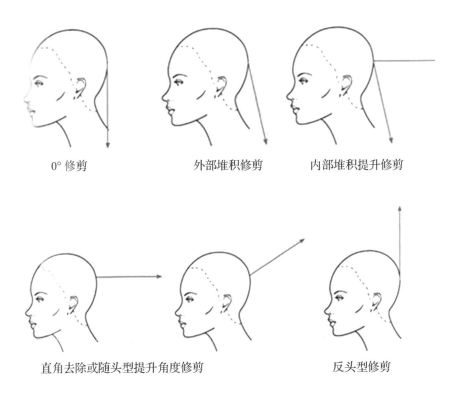

0° 修剪 外部堆积修剪 内部堆积提升修剪

直角去除或随头型提升角度修剪 反头型修剪

一、方形线条 0° 修剪

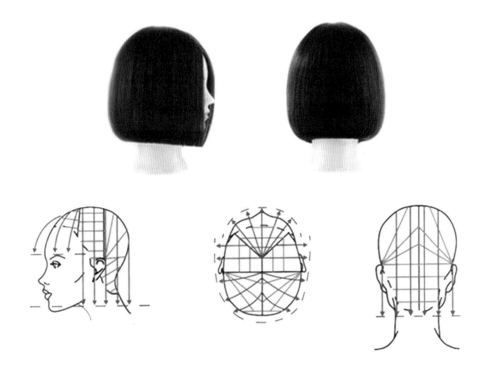

（1）由中线将头部分成左右两个区，接着分出斜向前分区，用压剪方法剪出设计线。

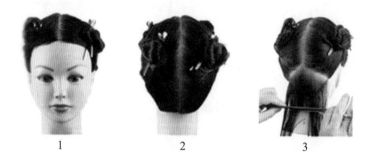

1　　　　　　　2　　　　　　　3

（2）以设计线为基础，剪发线平行于分发线，使头发自然垂落，剪出标准底线。

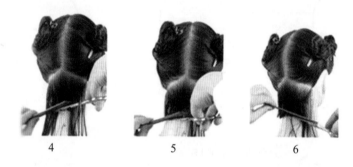

4　　　　　　　5　　　　　　　6

（3）另一侧也以设计线为基础，用相同手法处理。

（4）再分出同样的发片，梳头发使其自然垂落，以底线为基础，沿底线的头发完成线条处理，以此类推，设计线不变，每一层都以底线为标准，自然垂落修剪。

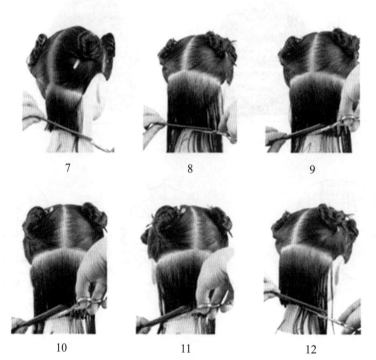

7　　　　　　　8　　　　　　　9

10　　　　　　　11　　　　　　　12

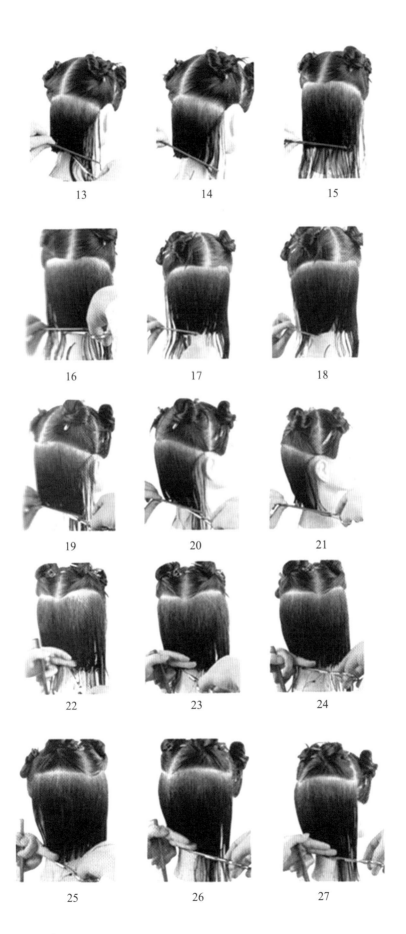

13　　　　　　　　14　　　　　　　　15

16　　　　　　　　17　　　　　　　　18

19　　　　　　　　20　　　　　　　　21

22　　　　　　　　23　　　　　　　　24

25　　　　　　　　26　　　　　　　　27

美发指导教程

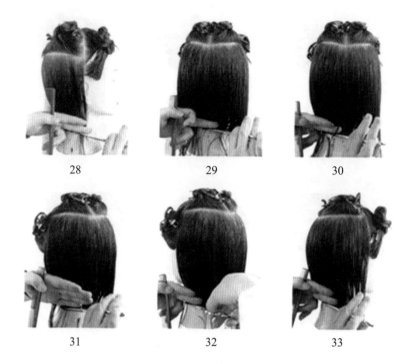

| 28 | 29 | 30 |
| 31 | 32 | 33 |

（5）两边耳侧的头发分层梳理并将头发疏通自然垂落，修剪时一定要轻压头发，避免产生过度弹性，造成短缺的现象。

（6）将所有的头发梳向自然垂落，轻按头发，不要给予拉力。

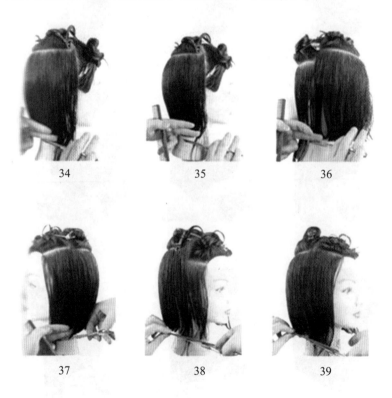

| 34 | 35 | 36 |
| 37 | 38 | 39 |

| 40 | 41 | 42 |

二、三角形 0° 修剪

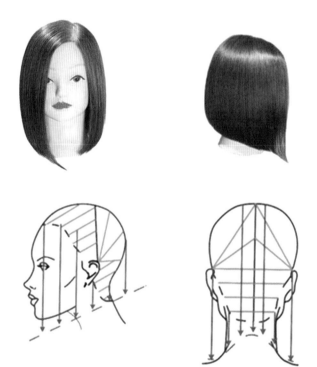

（1）分区。

（2）分出斜向前分区，用压剪方法剪出斜向前设计线。

（3）继续分出向前分区，以底线为标准进行修剪。

| 1 | 2 | 3 |

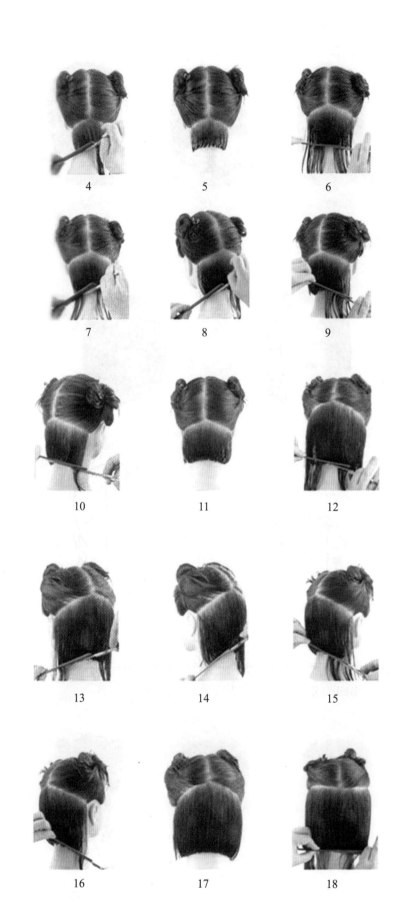

4

5

6

7

8

9

10

11

12

13

14

15

16

17

18

（4）继续分出重量向后的分区，以底线为基础完成三角线条，采用同样的方式完成修剪。

（5）分出向前分区，从中间开一个引导线，以底线为基础完成三角形线条，过了转角线注意延续头发的三角形，到达耳朵的地方一定要轻轻按压头发完成外线。

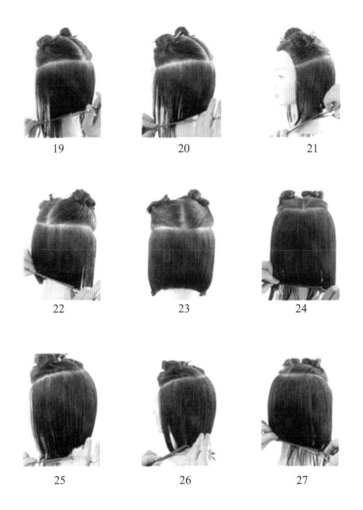

19　　　　　　　20　　　　　　　21

22　　　　　　　23　　　　　　　24

25　　　　　　　26　　　　　　　27

（6）继续分出重量向后的分区，以底线为基础完成三角形线条，采用同样的方式完成修剪，吹干造型。

28　　　　　　　29　　　　　　　30

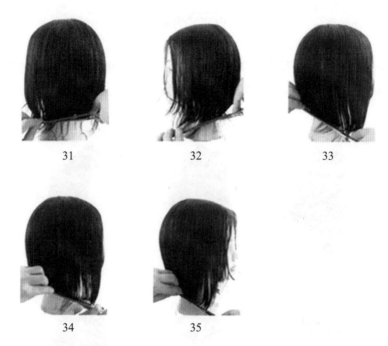

| 31 | 32 | 33 |

| 34 | 35 |

三、圆形线条

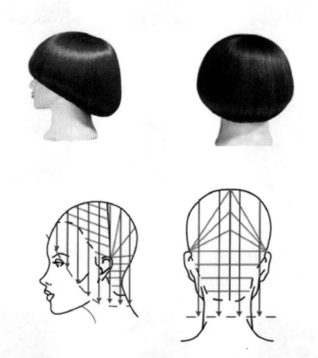

（1）侧面中线与中线交叉形成四个分区，然后连接两个耳朵形成一个水平分线。

（2）首先在后面底部分出一个水平分区，并将头发梳向自然垂落，用梳子疏通发丝，剪发线平行于分发线，然后从中间的部分开一个约 2cm 的设计线，以每一刀 1cm 的方式修剪完成两侧。

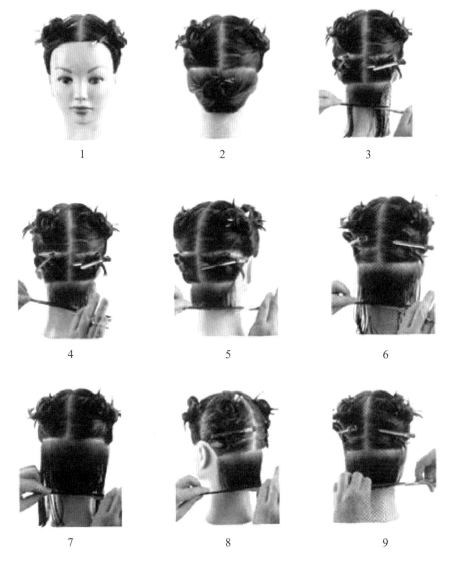

1

2

3

4

5

6

7

8

9

（3）继续分出水平分区，从中间开一个引导线，以底线为基础完成方形线条，采用同样的方式完成两侧，同时注意头发的自然垂落点，剪发线平行于分发线完成修剪。

（4）继续分出水平分区，采用同样的手法去处理两边的头发。

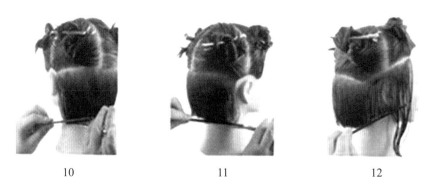

10

11

12

（5）从耳朵上面的发际线处分出一个重量向后的分区，以后颈部的头发为基础，将头发梳向自然垂落，按照所设计的长度进行修剪，注意不可以提拉角度，到达耳朵处的时候要轻轻按压一下，避免出现缺角，完成一个前短后长的圆形外形。

（6）继续分出重量向后的分区，以底线为基础完成圆形线条，采用同样的方式完成余下的头发，剪发线平行于分发线完成修剪，同时注意头发的自然垂落点，完成修剪。

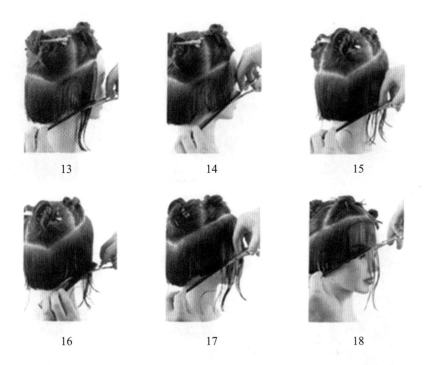

13　　　　　　14　　　　　　15

16　　　　　　17　　　　　　18

（7）继续分出一个重量向后的分区，以后颈部的头发为基础，将头发梳向自然垂落，按照所设计的长度进行修剪，注意不可以提拉角度，到达耳朵处的时候要轻轻按压一下，避免出现缺角，完成一个前短后长的圆形外形。

（8）分出一个重量向后的分区，以底线为基础完成圆形线条，采用同样的方式完成余下的头发。

19　　　　　　20　　　　　　21

22   23   24

25   26   27

（9）继续分出一个重量向后的分区，以后颈部的头发为基础，将头发梳向自然垂落，按照所设计的长度进行修剪，以底线为基础，注意不可以提拉角度。

28   29   30

（10）分出一个重量向后的分区，以底线为基础完成圆形线条，同时注意头型的变化，采用同样的方式完成余下的头发。

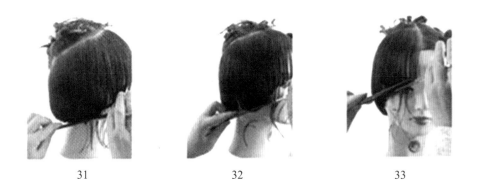

31   32   33

34	35	36

（11）采用与另外一侧相同的方式，从耳朵上面的发际线处分出一个重量向后的分区，以后颈部的头发为基础，将头发梳向自然垂落，按照所设计的长度进行修剪，注意不可以提拉角度，到达耳朵处的时候要轻轻按一下，避免出现缺角。

37	38	39

（12）继续分出重量向后的分区，以底线为基础完成圆形修剪，采用同样的方式完成余下的头发，剪发线平行于分发线，头发自然垂落，注意连接刘海处的修剪。

40	41	42

43	44	45

（13）分出重量向后的分区，以底线为基础完成圆形修剪，采用同样的方式完成余下的头发，同时注意两边对称。

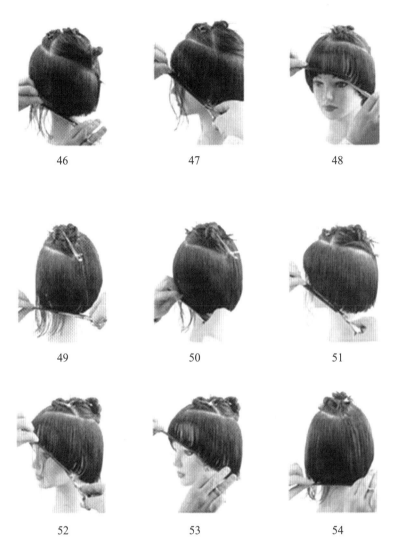

46　　　　　　　47　　　　　　　48

49　　　　　　　50　　　　　　　51

52　　　　　　　53　　　　　　　54

（14）继续分出一个重量向后的分区，以后颈部的头发为基础，将头发梳向自然垂落，按照所设计的长度进行修剪，以底线为基础，注意不可以提拉角度，完成一个前短后长的圆形外形。

55　　　　　　　56　　　　　　　57

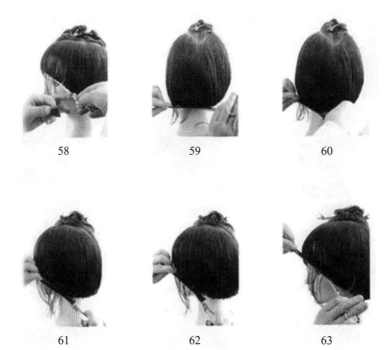

58	59	60
61	62	63

四、三角形堆积

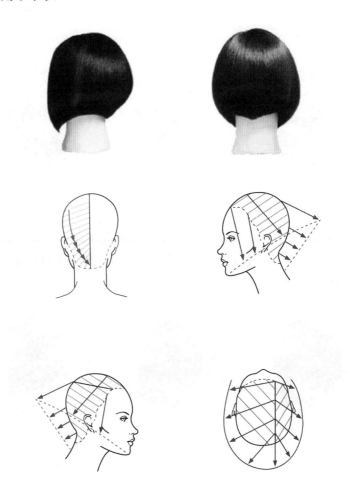

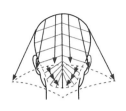 

（1）首先分出一个向前的分区，剪出一个标准的三角形底线。

（2）然后从中间的部分，分出一个三角形分区，约 45° 提升，剪发线平行于分发线，以每一刀 1cm 的方式修剪完成。

（3）余下的部分采用 45° 提升，以小刀口进行修剪，剪发线平行于分发线，以每一刀 1cm 的方式修剪完成。

（4）继续完成另外一侧的头发修剪，以底线为基础，剪发线平行于分发线，跟随头型采用同样的技巧完成修剪。

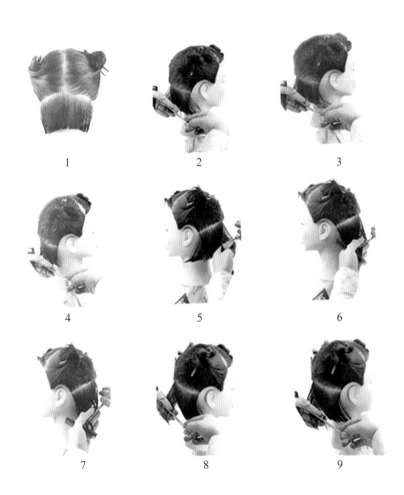

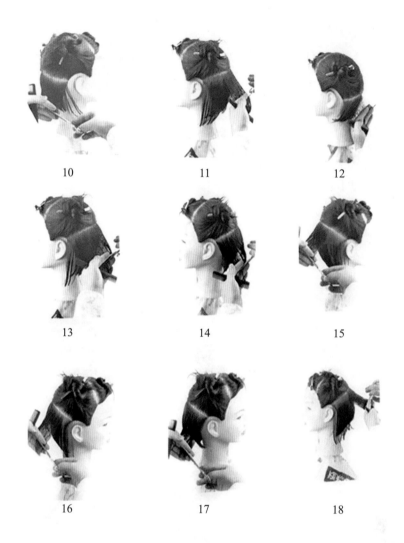

10　　　　　　　11　　　　　　　12

13　　　　　　　14　　　　　　　15

16　　　　　　　17　　　　　　　18

（5）再分出一片头发，继续采用45°提升，注意头型的变化，确保有清晰的外线。

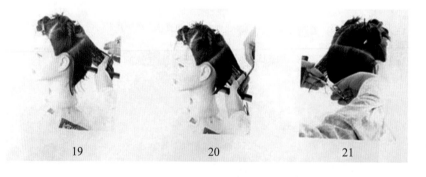

19　　　　　　　20　　　　　　　21

（6）继续完成另外一侧，以底线为基础，采用45°提升。

（7）从这一片头发开始，头发直立，同样分出向前的分区，角度开始变化为低于45°角，剪发线平行于分发线，跟随头型采用同样的技巧完成修剪。

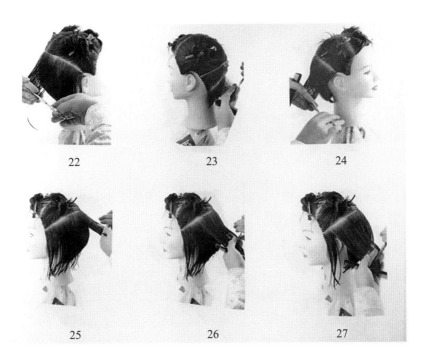

22   23   24

25   26   27

（8）继续完成另外一侧，以底线为基础，角度低于45°提升，剪发线平行于分发线，跟随头型采用同样的技巧完成修剪。

28   29   30

（9）继续分出发片，采用低于45°提升，注意头型的变化，确保有清晰的外线，剪发线平行于分发线完成修剪。

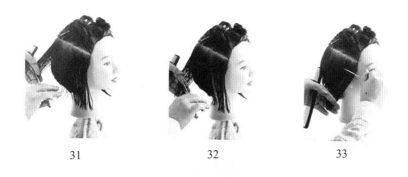

31   32   33

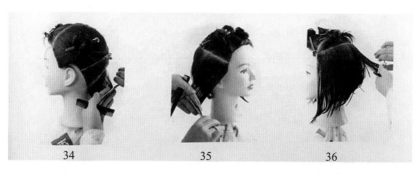

（10）继续完成另外一侧，以底线为基础，采用低于 45° 提升，剪发线平行于分发线，跟随头型采用同样的技巧完成修剪。

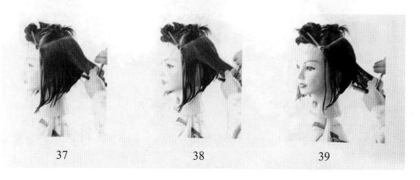

（11）继续分出发片，采用低于 45° 提升，注意头型的变化，确保有清晰的外线，剪发线平行于分发线，到达耳朵的位置时，要轻轻按压一下，避免出现短缺，同时角度要渐变到 0°。

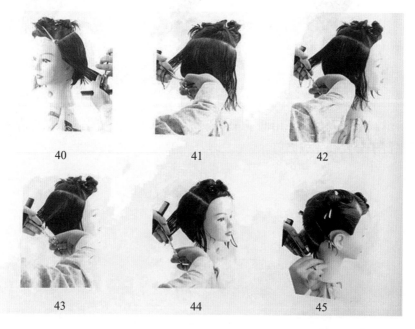

（12）继续完成另外一侧头发的修剪，以底线为基础，采用低于 45° 提升，剪发线平行于分发线，跟随头型采用同样的技巧完成修剪。

| 46 | 47 | 48 |

（13）继续分出发片，采用低于45°提升，注意头型的变化，确保有清晰的外线，剪发线平行于分发线完成修剪。

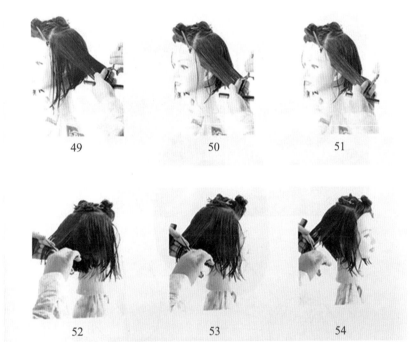

| 49 | 50 | 51 |

| 52 | 53 | 54 |

（14）继续完成另外一侧头发的修剪，以底线为基础，采用低于45°提升，剪发线平行于分发线，跟随头型采用同样的技巧完成修剪，完成全头头发的修剪。

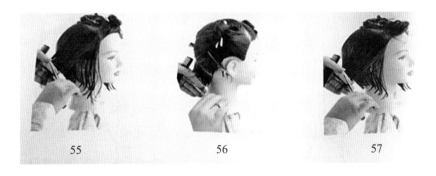

| 55 | 56 | 57 |

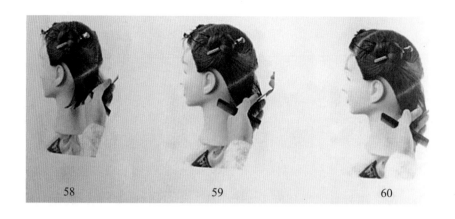

58　　　　　　　　　　59　　　　　　　　　　60

五、堆积圆形

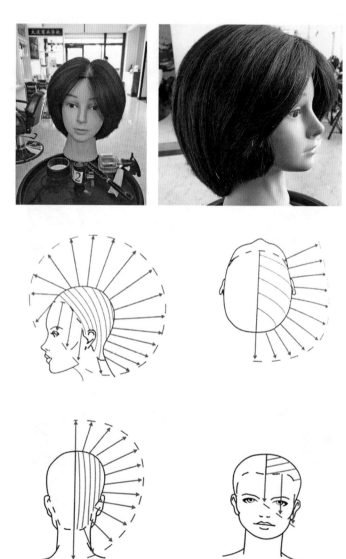

（1）分区，由中线把头部分成两个部分。

1   2

（2）从额前取出一束头发确定长度，以此作为修剪起点。

3   4

（3）从起点起斜向后 0° 修剪，确定边缘轮廓。

5   6

（4）以边缘长度为设计线，逐层进行低角度 45° 修剪，处理前侧发区。

7

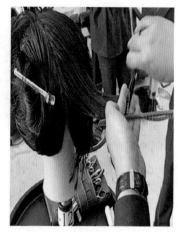

8

（5）以前侧发区为标准确定后侧发区的轮廓，采用 0° 修剪。

9

10

（6）修剪方法与另一侧的方法相同，确保两侧长度相同。

11

12

13

14

15

16

17

18

六、方形去除重量

（1）分区，首先由中线将头部分成左右两个分区，头部转角线分成上下两个部分，底部的头发连接两个耳朵形成水平分线，完成分区。

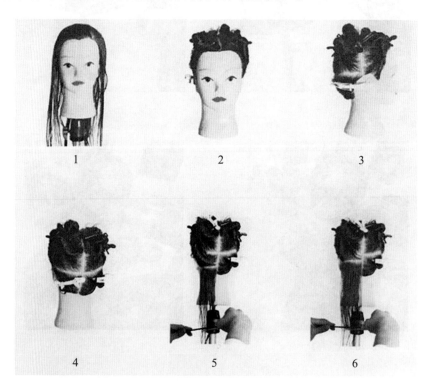

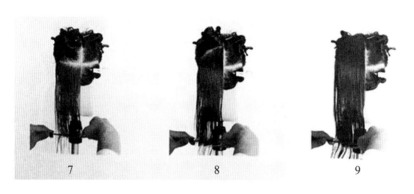

7　　　　　　　　　8　　　　　　　　　9

（2）先确定方形线条，将每一层的头发都梳到0°，没有任何角度和拉力进行修剪。

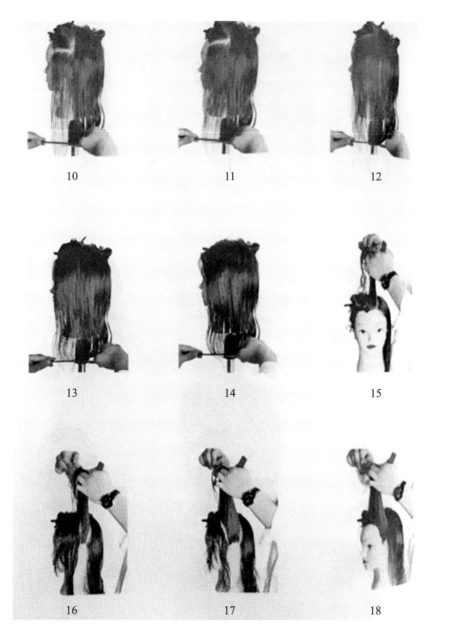

10　　　　　　　　11　　　　　　　　12

13　　　　　　　　14　　　　　　　　15

16　　　　　　　　17　　　　　　　　18

（3）定出长度，将头发拉向顶部剪出方形，用反头型的技术向上提拉，剪出一个平行于地面的内部有角度的方形面。

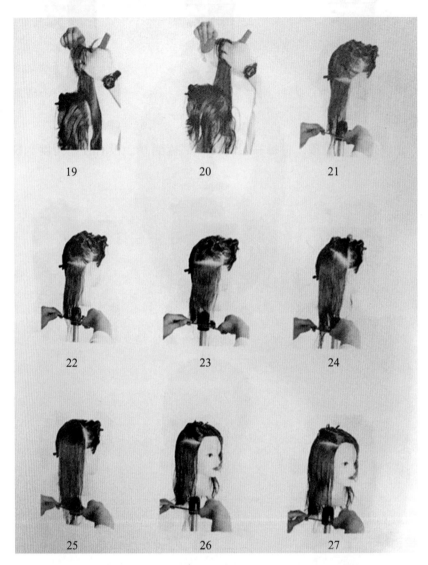

19	20	21
22	23	24
25	26	27

（4）定出长度，将头发拉向顶部，剪出方形，与前面手法相同。

| 28 | 29 | 30 |

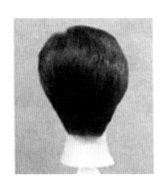

31 32 33

34 35 36

七、随头型修剪（低角度和高角度组合修剪）

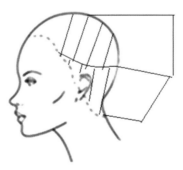

（1）进行分区，分出前侧水平分线和后侧斜向后分线，采用低角度提拉头发进行修剪。

（2）从鬓角处开始修剪，依次完成整条弧线的修剪，并逐层分出发片。

（3）以底层长度为引导，提升角度为30°～45°，依次完成修剪。

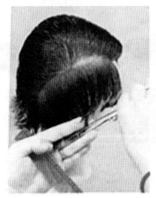

（4）左侧与右侧的修剪方法相同。

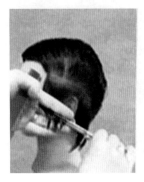

（5）修剪刘海并确定长度，做左右连接。

（6）提拉刘海长度的头发，进行顶部高角度平行修剪。

（7）以顶区头发的长度为引导进行脑部后侧的修剪。

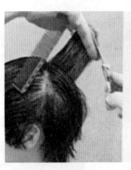

（8）连接左右两侧发区的头发并调整发量。

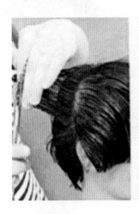

八、男发修剪

（1）可以将随头型的修剪结果作为基础，进行男士三茬的修剪。

（2）两侧从发际线开始，梳子与头皮成15°角，推剪头发，梳子逐渐向后，修剪耳后发区，逐渐上挑，使上面的头发与头皮逐渐向平行过渡。

 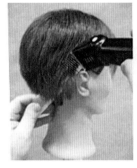 

（3）修剪后区头发，并调整色调。

九、寸发

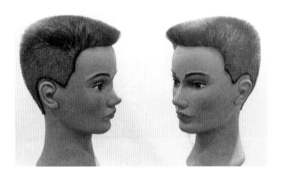

（1）由后面向刘海方向水平修剪，保证梳子平稳。

（2）用吹风机将发根吹起，再与两侧头发连接。

项目七
吹风造型

✂ 学习情景描述

使用吹风技巧，无须借助任何造型产品，就可将头发塑造出具有良好弹性、光泽和质感的时尚造型。无论吹何种发型，都必须深入了解其纹理、流向和内外结构，并根据头发不同长度采用不同的吹风技巧，才能让发型呈现出圆润饱满、自然蓬松的效果。

✂ 知识目标

1. 了解吹风前的准备工作程序。
2. 掌握各种发型的吹风造型要领。

✂ 技能目标

1. 能够正确使用美发工具。
2. 能够与吹风机合理配合，进行徒手造型。
3. 能够进行中、长、短、波浪发型造型，发丝流畅、有光泽、有弹性、饱满自然。
4. 能够吹梳假发造型。

✂ 素质目标

提升学生的审美能力。

任务：吹风造型

一、吹风造型概述

吹风造型是头发的最后一道操作工序，能否形成美观、大方、时尚的发型，主要取决于这一道工序。吹风在造型中起到重要的作用，同时，吹风能调节修剪技术的某些缺陷。发丝流畅、纹理清晰、结构完美、轮廓饱满，同时适应脸型，自然、完美才是吹风的最高境界。

二、实训条件

操作前应准备的材料、设备有：
（1）材料：毛巾、围布、精油。
（2）设备：吹风机、滚梳。

三、技能标准

（一）吹风的作用

头发洗过后，因水分渗透而膨胀软化，再经热风吹过，加上美发师的技术处理，即可塑造出各种发型。因此，吹风在塑造发型中起着重要作用。

（1）顾客洗发后，头发潮湿，会感到不舒服，吹风能使头发很快干燥。

（2）吹风配合梳理，能够使比较杂乱的头发变得柔顺、整齐，而且可以按照发型要求，打造出各种不同的式样来，并有固定发式的作用。

（3）吹风能调节修剪技术的某些缺陷。经过吹风后，打造的发式只要保护得当，一般能维持几天时间。

（二）吹风技巧

1. 正常吹法

梳子直接从发片的底部拉直，向下带半圈，拉紧发片。

2. "W"形吹法

大拇指放在梳耳，而不是梳柄，主要用来调整毛流，动作为"W"形。

3. 梳齿朝下

大拇指按住发片，拉紧拉直吹风，吹出细腻的线条。

（三）吹风速度

洗过头后，头发干至五成，再慢慢吹，吹出弹性（七成干），再快吹，用风嘴吹角度（15°）至九成干即可，过干会起静电。

四、情感要求

情感要求	优	良	差
尊敬师长			
爱岗敬业			
安全操作			
协作精神			
工作效益			

五、知识标准

（1）做好顾客维护。

（2）正确掌握吹风的几种不同吹法。

（3）吹风时送风角度要正确。

（4）吹风后头发顺滑。

六、评价标准

评价标准	分值	扣分	实得分
微笑服务	10		
接待动作自然大方	10		
语言清晰、音量适中	20		
顾客维护	10		
吹风手法正确	25		
吹后头发顺滑	25		

七、实训项目验收单

项目名称：吹风造型	起讫时间：	班级：	姓名：
项目标准： 1. 接待服务。 2. 发质鉴别。 3. 制定吹风造型的方案。 4. 进行吹风造型。 5. 定型。		学生项目自评：	
		小组评价：	指导教师验收： 签名
使用工具：			

注：指导教师验收应有评语，等级为优秀、良好、合格、不合格。

✂ 实施说明

1. 实训项目任务书旨在建立一个以能力为核心、以职业实践为主体、以模块化专业教育为主线的项目课程开发体系。在本任务书中，围绕"如何行动""确定八个具体内容"展开，简明易懂，方便操作。

2. 学校打造一支高素质的美发专业师资队伍，并配备先进的设备和管理体系，以确保任务书的顺利实施。

3. 在实施本任务书的过程中，教师应当运用产教融合的模式，营造具有工作氛围的学习环境，致力于提升学生的实际就业技能，为他们未来的职业发展打下坚实的基础。

针对项目课程的独特特点，笔者提出以下几个方面的建议，以确保任务书的有效实施：

1. 在教育理念方面，建议教师树立以学生为中心、以能力为核心、以专业实践为主线的教育观念。

2. 在教学方法方面，建议教师摒弃学科体系下的线性教学方式，通过工作任务和项目活动，实现理论与实践的有机融合。

3. 在教学行为方面，建议教师善于构思问题，创造具有挑战性的工作场景，营造积极向上的氛围，以激发学生的积极性和参与热情。

4. 建议对评估方法进行改革，包括但不限于强调过程评估和多元化评估等方面。

拓展思考

吹风造型与修剪技术是如何结合的？

学习情景的相关知识点

知识点一　　造型工具

一、吹风造型工具

吹风造型工具是指吹风时使用的工具，吹风常用的梳子有排骨梳、九行梳、滚梳。不同的发型要求用不同的发梳，选择适合的发梳，才能吹出完美的发型效果。

（1）排骨梳：拉力较小，是配合吹干头发的常用工具，用于直发或改变发根走向。

（2）九行梳：拉力适中，是直发吹风常用的工具，用于恢复头发自然状态。

（3）滚梳：拉力较大，是拉直和吹卷头发的常用工具，多用于制作头发的卷曲状态。

小号　　　　　中号　　　　　大号

二、其他电器工具

除吹风机外，美发厅常用的电器工具有电棒、直板、锯齿板、波纹板等。

电棒

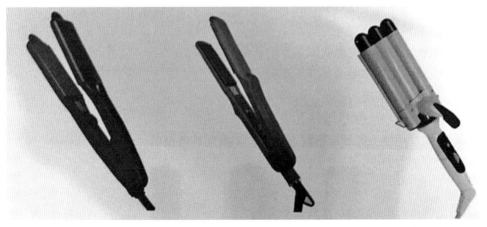

直板　　　　　　锯齿板　　　　　　波纹板

美发指导教程

　　在实际造型过程中，有多种造型工具可供选择，以实现所需的效果。有些造型是很难控制的，比如，我们会遇到一些发型比较特别的人，需要用不同的方法进行处理。头发可以采用吹风机或夹板进行拉直或固定，这两种方法均可达到理想的效果。卷曲的发型可以采用吹风机或电棒进行定型。这些造型都有各自的优点和缺点，需要综合考虑，扬长避短才会得到最好的效果。在吹风造型时，正确合理地选择工具是至关重要的。

一、吹风机的使用技巧

　　吹风的温度、角度、距离、时间及吹风工具的选择和使用技巧，决定了发型的轮廓、发丝的形态和方向。

　　（1）确保吹风时吹风口与头皮保持平行或成大于头皮的角度。为了避免高温对头皮造成损伤，建议使吹风口与发根平行，并保持一定距离。

　　当吹风机的吹风口与头皮的夹角大于头皮的角度时，可以有效避免高温对头皮的损伤。同时保持吹风口与头皮成一定角度，使热风能够完全吹向头发，从而使头发更容易形成想要的效果。

　　（2）准确把握送风时间至关重要，必须根据发质和头发卷曲的形态来决定吹风机送风的时间。时间过长会导致头发僵硬失去自然状态，时间过短则会影响头发的定型和持久性。

　　（3）冷却充分。在一定的时间范围内，调整头发的走向和曲线，使头发在受热后呈现出更强的延展性。吹热风后的一段时间内，头发仍停留在温暖的状态，任何细微的活动，诸如换衣服、头部的转动或微风的吹过，甚至头发本身的重量，均会使刚吹好的发型变样。所以当吹出理想的发型时，立即用冷风冷却，便可起"凝固"的作用，达到持久的效果。要维持理想的发型，冷却过程必不可缺。

　　（4）实现左右手的协调配合。在吹头发的时候，需要巧妙地运用吹风机和梳子，同时左右手也要灵活运用，以达到最佳效果。通常情况下，当站在顾客的左侧时，右手握吹风机；当站在顾客的右侧时，左手握吹风机。吹风机不能在一个部位停留时间过长，要随时调整吹风的方向和角度。

　　（5）吹风的顺序。要遵循从后到前、从下向上的顺序，最后吹刘海。发束的控制可以通过吹风来实现。

　　1）吹干发根。

　　2）在发丝的中央区域进行吹发，以控制发丝的蓬松度。

　　3）以尾部为起点，精准掌控顺滑程度。

　　（6）吹发程序与方法。

　　1）吹干头发。

　　2）对头部进行整理。

　　3）对脑后部分进行梳理。

4）对两侧进行整理。

5）对发丝进行整理，使其呈现出优美的线条。

6）将轮廓吹干。

7）检查和护理。

8）塑造形态。

二、直发吹风造型技巧

吹风机与梳子的配合可以改变头发的形状和轮廓，通过发梳的使用技巧可有效地控制发根的立起度、发中的蓬松度及发尾的光洁度，塑造出更鲜明的立体感和层次感。

（1）外翻，用于吹理发尾，呈现外翘效果。

（2）内扣，用于吹理发尾，呈现内扣效果。

（3）压，梳子作用于发中进行头发折向，改变发丝的走向。

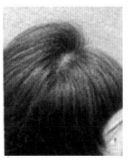

（4）推，作用于发根，推正发根的走向并随之吹风，使发根直立。

（5）刷，梳子在发区上移动，用于压低发区的膨胀度并改变头发的整体走向。

（6）拉，由发根吹风至发尾，多用于吹干、拉直头发。

拉发根　　　　　　　　　　　拉发尾

三、卷发吹风造型技巧

利用圆滚吹梳出卷曲的纹理，适用于卷发或直发吹卷。卷曲头发的方法是运用圆柱形的工具，例如圆滚梳、电热棒等，来改变发丝的形状。圆形工具的摆放方向、位置不同，可以产生不同的卷曲效果，制作出不同的发型。

卷发吹塑时，卷曲可以作用到发根，圆滚梳的排列和方向组合以及取份的大小和角度，与烫发设计中的内容相同。发片的提升角度越大，发根就越直立，头发就越蓬松，它与烫发设计里讲到的角度与取份的设计原理相同，只是使用的工具和方法不同，发片取份比较厚，发根的强度会变化，发尾也会很松散。

（1）水平卷。

（2）垂直卷。

（3）斜向卷。

（4）旋转卷。

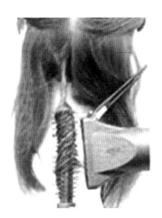

附录　美发师职业资格四级等级证书实操考试题集

试题一

美发与形象设计专业

操作技能考核工具准备通知单

试题 1

彩染工具：染发剂、双氧乳、染发碗、围布。

试题 2

卷杠工具：卷发杠（50～60 支）、卷发纸（50～60 张）、尖尾梳（1 把）。

试题 3

准备要求：

（1）辅助用品：毛巾、围布、喷水壶。

（2）修剪工具：美容剪、剪发梳、电推剪、锯齿剪、削刀。

（3）造型工具：吹风机及各种梳刷。

（4）造型饰品：喷发胶、摩丝、发蜡等。

试题 4

准备要求：

（1）辅助用品：毛巾、围布、喷水壶及一定数量的发卡。

（2）修剪工具：美容剪、剪发梳、电推剪、锯齿剪、削刀。

（3）造型工具：吹风机及各种梳刷。

（4）造型饰品：假发、装饰品、喷发胶、摩丝等。

美发与形象设计专业
操作技能考核评分记录表

姓名：＿＿＿＿＿＿

总成绩表

序号	试题名称	配分	得分	权重	最后得分	备注
1	彩染	25				
2	卷杠	25				
3	男士无缝推剪造型（教习模特）	25				
4	女士修剪边沿层次短发造型	25				
	合　　　计	100				

统分人：　　　　　　　　　　　　　　　　　　年　　月　　日

美发与形象设计专业

操作技能考核试卷

姓名：＿＿＿＿＿＿

注意事项

一、本试卷依据 2018 年颁布的《美发师》国家职业标准命制。

二、请根据试题考核要求，完成考试内容。

三、请服从考评人员指挥，保证考核安全顺利进行。

试题 1　彩染

考核要求：

（1）考核前必须为模特做皮肤测试。

（2）根据模特的肤质正确选用双氧乳及染发剂。

试题 2　卷杠

考核要求：

（1）根据发型式样要求进行卷杠。

（2）卷杠技法熟练，动作规范，站姿正确。

（3）要求选手按照十字分区标准排列方式，使用三种不同长度的专用圆形卷发杠。

（4）在 40 分钟内完成不少于 60 个卷杠。

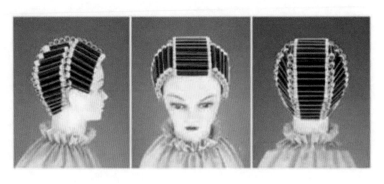

试题 3　男士无缝推剪造型（教习模特）

考核要求：

（1）整体发型必须按图例向后梳理。

（2）比赛时可使用任何工具、发胶和护发品。

（3）修剪层次清晰，过渡自然，结构匀称。

（4）发型线条清晰、流畅，发丝富有弹性和光泽。

（5）整体造型自然，符合脸型、头型，突出技术功底。

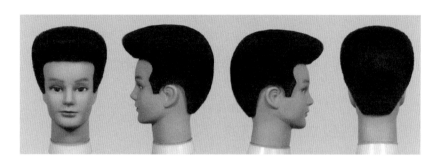

试题 4　女士修剪边沿层次短发造型

考核要求：

（1）严格按修剪吹风造型的操作程序规范操作。

（2）考核前不能为模特烫发、彩染。

（3）推剪要露三茬，现场修剪头发不少于 3cm。

职业技能鉴定国家题库试卷

美发师中级操作技能考核准备通知单（考场）

试题 1

卷杠工具：卷发杠（50～60 支）、卷发纸（50～60 张）、尖尾梳（1 把）。

试题 2

彩染工具：染发剂、双氧乳、染发碗、围布。

试题 3

准备要求：

（1）辅助用品：毛巾、围布、喷水壶及一定数量的发卡。

（2）修剪工具：美容剪、剪发梳、电推剪、锯齿剪、削刀。

（3）造型工具：吹风机及各种梳刷。

（4）造型饰品：假发、装饰品、喷发胶、摩丝等。

试题 4

准备要求：

（1）辅助工具：毛巾、围布、喷水壶。

（2）修剪工具：美容剪、剪发梳、电推剪、锯齿剪、削刀。

（3）造型工具：吹风机及各种梳刷。

（4）造型饰品：喷发胶、摩丝、发蜡等。

美发与形象设计专业

操作技能考核评分记录表

姓名：_____

序号	试题名称	配分	得分	权重	最后得分	备注
1	卷杠	15				
2	染黑发	15				
3	女士短发潮流修剪	35				
4	男士无缝推剪造型（教习模特）	35				
	合　　计	100				

统分人：　　　　　　　　　　　　　　　年　　月　　日

美发与形象设计专业

操作技能考核试卷

单位名称：

姓名：＿＿＿＿＿＿

注 意 事 项

一、本试卷依据 2018 年颁布的《美发师》国家职业标准命制。

二、请根据试题考核要求，完成考试内容。

三、请服从考评人员指挥，保证考核安全顺利进行。

试题 1　卷杠

考核要求：

（1）根据发型式样要求进行卷杠。

（2）卷杠技法熟练，动作规范，站姿正确。

（3）要求选手按照砌砖排列方式，使用三种不同长度的专用圆形卷发杠。

（4）在 40 分钟内完成不少于 60 个卷杠。

试题 2　染黑发

考核要求：

（1）考核前必须为模特做皮肤测试。

（2）根据模特的头发中白发情况正确选用双氧乳及染发剂。

试题 3　女士短发潮流修剪

考核要求：

（1）剪切线条清晰，修剪点无脱节或断层。

（2）线条清晰流畅；发丝柔顺、光泽饱满、富有弹性；整体造型自然、搭配和谐，符合发廊沙龙消费需求。

  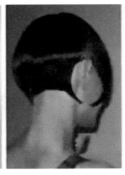 

试题 4　男士无缝推剪造型（教习模特）

考核要求：

（1）整体发型必须按图例向后梳理。

（2）比赛时可使用任何工具、发胶和护发品。

（3）修剪层次清晰，过渡自然，结构匀称。

（4）发型线条清晰、流畅，发丝富有弹性和光泽。

（5）整体造型自然，符合脸型、头型，突出技术功底。

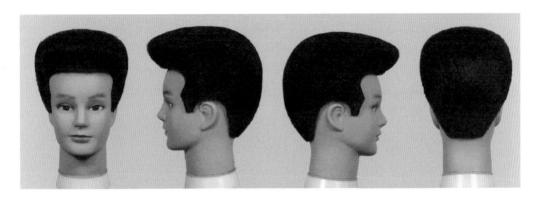

西宁市世纪职业技术学校
美发师操作技能考核准备通知单（考场）

试题 1

标准卷杠工具：卷发杠（60～70个）、尖尾梳（1把）、绵纸（60～70张）、喷壶（1个）。

试题 2

准备要求：

（1）辅助用品：毛巾、围布、洗发水、护发素。

（2）造型工具：吹风机及各种梳刷。

试题 3

准备要求：

（1）辅助用品：毛巾、围布、梳子。

（2）造型工具：吹风机及各种梳刷。

试题 4

准备要求：

头发护理工具：护发产品、毛巾、围布、皮垫肩、梳子、小碗、刷子、鸭嘴夹。

西宁市世纪职业技术学校

美发师操作技能考核评分记录表

考生编号：_____ 姓名：_____ 准考证号：_____ 单位：_____

总成绩表

序号	试题名称	配分	得分	权重	最后得分	备注
1	卷杠	25				
2	洗发	25				
3	头部按摩	25				
4	头发护理	25				
	合　　计	100				

统分人：　　　　　　　　　　　　　　　　　年　　月　　日

西宁市世纪职业技术学校

美发师操作技能考核试卷

考生编号：＿＿＿＿＿＿＿＿＿＿＿＿＿＿＿＿＿＿

注 意 事 项

一、本试卷依据 2018 年颁布的《美发师》国家职业标准命制。

二、请根据试题考核要求，完成考试内容。

三、请服从考评人员指挥，保证考核安全顺利进行。

试题 1 卷杠

考核要求：

（1）根据发型式样要求进行卷杠。

（2）卷杠技法熟练，动作规范，站姿正确。

（3）要求选手按照十字分区标准排列方式，使用三种不同长度的专用圆形卷发杠。

（4）在 50 分钟内完成不少于 60 个卷杠。

试题 2 洗发

考核要求：

（1）熟练掌握洗发的止痒方法（包括抓擦止痒、水温止痒、按摩止痒以及药物止痒），做到洗净冲透，使客人感觉舒适。

（2）准备时间 1 分钟，正式操作时间 6 分钟。

试题 3　头部按摩

考核要求：

（1）要求按照经络运行的线路按摩 25 个穴位。

（2）操作时，重要的经络要压，穴位要压，穴位要按，肌肉要摩擦，且环环相扣，有延续性，不能间断。

（3）准备时间 1 分钟，正式操作时间 15 分钟。

试题 4　头发护理

考核要求：

（1）分区正确并能按照要求进行规范操作。

（2）涂抹护理产品均匀。

（3）操作时动作到位，站姿正确，并且操作区域干净整洁。

试题四

西宁市世纪职业技术学校

美发师操作技能考核准备通知单（考场）

试题 1

准备要求：

（1）头部按摩工具：毛巾、围布、梳子。

（2）造型工具：吹风机及各种梳刷。

试题 2

准备要求：

砌砖卷杠工具：卷发杠（60 ～ 70 个）、尖尾梳（1 把）、绵纸（60 ～ 70 张）、喷壶（1 个）。

试题 3

准备要求：

（1）辅助用品：毛巾、围布、洗发水、护发素。

（2）造型工具：吹风机及各种梳刷。

试题 4

准备要求：

标准卷杠工具：卷发杠（60 ～ 70 个）、尖尾梳（1 把）、绵纸（60 ～ 70 张）、喷壶（1 个）。

西宁市世纪职业技术学校

美发师操作技能考核评分记录表

考生编号：＿＿＿＿　姓名：＿＿＿＿　准考证号：＿＿＿＿＿＿＿　单位：＿＿＿＿＿＿

总成绩表

序号	试题名称	配分	得分	权重	最后得分	备注
1	头部按摩	25				
2	砌砖卷杠	25				
3	洗发	25				
4	标准卷杠	25				
	合　　计	100				

统分人：　　　　　　　　　　　　　　　　年　　月　　日

西宁市世纪职业技术学校

美发师操作技能考核试卷

考生编号：_____

注 意 事 项

一、本试卷依据 2018 年颁布的《美发师》国家职业标准命制。

二、请根据试题考核要求，完成考试内容。

三、请服从考评人员指挥，保证考核安全顺利进行。

试题 1 头部按摩

考核要求：

（1）要求按照经络运行的线路按摩 25 个穴位。

（2）操作时，重要的经络要压，穴位要压，穴位要按，肌肉要摩擦，且环环相扣，有延续性，不能间断。

（3）准备时间 1 分钟，正式操作时间 15 分钟。

试题 2 砌砖卷杠

考核要求：

（1）根据发型式样要求进行卷杠。

（2）卷杠技法熟练，动作规范，站姿正确。

（3）要求选手按照砌砖排列方式，使用三种不同长度的专用圆形卷发杠。

（4）在 50 分钟内完成砌砖卷杠。

试题 3 洗发

考核要求：

（1）熟练掌握洗发的止痒方法（包括抓擦止痒、水温止痒、按摩止痒以及药物止痒），做到洗净冲透，使客人感觉舒适。

（2）准备时间 1 分钟，正式操作时间 6 分钟。

试题 4 标准卷杠

考核要求：

（1）根据发型式样要求进行卷杠。

（2）卷杠技法熟练，动作规范，站姿正确。

（3）要求选手按照十字分区标准排列方式，使用三种不同长度的专用圆形卷发杠。

（4）在 50 分钟内完成不少于 60 个卷杠。

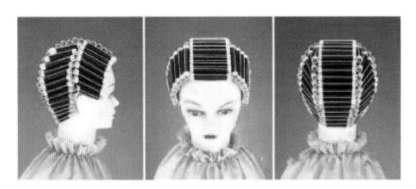